Vocational Education

现代职业教育研究文库

职业精神培育：
从理论到实践

○薛 栋 著

zjfs.bnup.com | www.bnupg.com

北京师范大学出版集团
BEIJING NORMAL UNIVERSITY PUBLISHING GROUP
北京师范大学出版社

图书在版编目(CIP)数据

职业精神培育：从理论到实践/薛栋著 . —北京：北京师范大学出版社，2020.10
（现代职业教育研究文库）
ISBN 978-7-303-26172-7

Ⅰ．①职… Ⅱ．①薛… Ⅲ．①职业道德－教学研究－高等职业教育 Ⅳ．①B822.9

中国版本图书馆 CIP 数据核字(2020)第 144745 号

图书意见反馈　　gaozhifk@bnupg.com　　010-58805079
营销中心电话　　010-58802755　　58800035

出版发行：北京师范大学出版社　www.bnup.com
　　　　　北京市西城区新街口外大街 12-3 号
　　　　　邮政编码：100088
印　　刷：北京虎彩文化传播有限公司
经　　销：全国新华书店
开　　本：787 mm×1092 mm　1/16
印　　张：11.75
字　　数：230 千字
版　　次：2020 年 10 月第 1 版
印　　次：2020 年 10 月第 1 次印刷
定　　价：31.80 元

策划编辑：王云英　　　　　　　责任编辑：马力敏
美术编辑：焦　丽　　　　　　　装帧设计：焦　丽
责任校对：康　悦　　　　　　　责任印制：陈　涛

前　言

　　围绕提高人才培养质量，中国职业教育正从"培养具有一技之长的技能型人才"走向"在保障学生技术技能培养质量的基础上，重视职业精神培育"。目前，国务院和教育部关于职业教育发展的纲领性文件，均明确强调了"职业能力与职业精神融合培育"的价值取向。《国务院关于加快发展现代职业教育的决定》中指出，为切实提升劳动者素质和创造附加价值的能力，"全面实施素质教育，将职业道德、人文素养教育贯穿培养全过程"。教育部等六部门发布的《现代职业教育体系建设规划（2014—2020年）》中强调，"将生态环保、绿色节能、清洁生产、循环经济等理念融入到教育过程"，促进职业技能培养与职业精神养成相结合。此外，《高等职业教育创新发展行动计划（2015—2018年）》、《中等职业学校德育大纲（2014年修订）》中也将"职业精神"作为提升职业教育德育工作的着力点。

　　职业教育作为与经济发展联系最为紧密的一种教育类型，面对中国经济发展的历史性转折点，在人才培养过程中不仅要服务社会经济结构转型和产业升级，还要通过塑造和培育追求理想精神境界和行为方式的"准职业人"，推动社会通过自身的改革实现可持续的发展。本书突破"职业能力"本位的职业教育研究思维定势，将精神的重构融汇到职业教育的"职业"属性之中，以"职业精神"为突破口，对职业院校人才培养过程进行反思、批判和重构，旨在阐释职业精神培育的理论框架，论证职业院校学生职业精神培育实践路径的合理性；构建渗透人文关怀的职业教育实践模式，证实其培育职业院校学生职业精神的有效性，实现由"制器"到"育人"的回归。

　　本书结合事实研究和价值分析，综合采用文献、理论、调查和经验总结等研究方法，按照职业精神生成、传播和人才培养规律，依据实践唯物主义和马克思主义人学思想、现代技术哲学"经验转向"理论，借鉴韦伯"天职观"对个体职业活动精神意义的终极关怀、涂尔干的职业伦理教育理论、精神心理学的体验、移情理论等相关思想，在明晰职业精神内涵和职业精神培育主体的基础上，确立职业精神培育理念，形成职业院校学生职业精神培育研究的理论预设，通过实证研究和典型范例证实理论预设的合理性。本书贯穿"培育什么—由谁培育—如何培育"的研究脉络，将"职业教育如何培育学生的职业精神"这一总的研究问题的解决，分解为五个子问题：职业精神是什么？职业精神培育的主体是谁？如何构建基于职业教育教育类型特色的职业精神培育理论？高职院校职业精神培育的现状如何？高职院校职业精神培育的具体实践应对是什么？围绕上述五个子问题的解决形成了本书的五部分内容。

"职业精神"是本书研究的逻辑起点，是职业精神培育目标确立的依据，通过对职业内涵及其属性的界定，探究职业对职业精神质的规定性；在明晰职业精神内涵的基础上，进一步厘清职业精神结构及其功能，构建了职业精神的结构模型。谁来培育职业院校学生的职业精神？本书主要从历史的视角，梳理了职业精神传承的途径及形式；论述了学校是现代职业精神培育的基本途径，企业参与是有效培育的重要举措。明晰校企合作的"职业精神培育主体"是职业院校学生职业精神培育的组织保证。基于对职业精神的界定及职业精神培育主体的明晰，结合职业教育的教育类型特色，在培育理念、培育模式、师生关系方面探讨职业精神培育的过程，构建职业精神培育理论，包括确立"人事合一"的职业精神培育理念、构建"活动—体验"职业精神培育模式和强化职业精神培育的师生互动效应三个方面。为了了解目前我国高等职业院校对学生职业精神培育的开展情况，依据建构的职业精神培育理论设计访谈提纲和调查问卷，通过培育理念、内容、方法三个方面的数据结果分析，发现问题并探究了问题的成因。结合职业精神培育理论和现状调查分析结果，将培育理念、培育内容和培育途径有机统整的活动作为职业精神培育实践应对的重要抓手，设计了"职业叙事"和"职业角色体验"的主题人文活动与专题实习实训活动互补融通的职业精神培育范例。

本书主要结论如下。第一，确立"三维"职业精神培育目标：选择职业榜样，树立职业理想；激发专业兴趣，生成专业情意理性；创设职业情景，强化责任意识。第二，学校是学生职业精神培育的基本途径，企业参与可以增强学生职业精神培育的有效性，校企合作是高等职业院校学生职业精神培育的组织保证。第三，"形上"关怀与"形下"实践契合，形成学生亲历"人事合一"的职业精神培育过程。第四，主题人文活动和专题实习实训活动是高等职业院校学生职业精神培育的基本载体，"职业叙事"和"职业角色体验"是其典型范例。第五，"创设情境—体验探究—欣赏认同—自主提升"是职业精神培育的几个基本阶段，主体生命体验是其核心。第六，教育者的职业境界是职业精神培育的重要资源，师生交往、对话互动是强化职业精神培育效果的重要途径。

需要指出的是，职业精神的内涵及其培育依托马克思主义人学思想、精神心理学、教育学、技术哲学、实践美学等多学科思维的糅合、知识体系的借鉴，笔者相关学科基础有限，理论理解有难度，正确地吸收与转化论述面临极大的挑战。此外，关于高职院校职业精神培育的现状调研，如何将形上层面的职业精神及其培育具化为访谈和问卷的问题，形成科学的访谈提纲和调查问卷，是本书调研工具设计的难点。另外，人才培养是目标、内容、实施、评价的系统过程，本书仅从培育理念、培育过程、主体关系三个方面构建了职业精神培育理论，对于职业精神培育效果的评价，本书并没有涉及，因此，未来需要系统完善职业精神培育理论。虽然本书依据"活动—体验"的职业精神培育模式设计了主题人文活动和专题实习实训活动两类活动形式，每一种活动形式各提供了一个活动设计的参考性框架，但案例数量较少，未来可以基于职业精神培育的"三维目标"，进一步丰富职业精神培育的活动形式和具化职业精神培育的活动案例。比如说可以通过对技术能手的叙事研究，捕捉他们职业成长的精神轨迹，撰写生动感人的职业故事，从而丰富职业精神培育的教育素材。总之，由于个人能力有限，书中难免存在一些不足，请各位专家学者不吝指正。

薛栋

2019 年秋

目　录

第一章

导　论

第一节　精神重建与中国职业教育选择

　　人类对教育的作用充满期待，因为教育所具有的独立品格和精神追求，不仅仅能够服务社会，更重要的是能够塑造和培养追求一种理想的精神境界和行为方式的人，使他们做出引领社会发展的价值判断。因此，立足于全球技术困境和价值虚无两大现代性难题的背景下，面对中国经济发展的历史性转折点，职业教育作为与经济发展联系最为紧密的一种教育类型，如何批判地审视中外经济发展之现实，如何深入思考职业教育与工业文明发展同步前进、相互影响的精神实质，从而做出中国职业教育未来发展方向及其实践路径的理性选择，不仅仅是职业教育服务我国经济结构转型和产业升级的现实需求，更是引导"准职业人"寻找职业的意义支点，丰富和健全主体性职业自我，从而建构起个人精神世界，实现人的自由发展的理论诉求。

一、精神重建：世界经济与中国经济格局的省思

（一）复苏乏力与精神重建：世界经济格局之现实

　　自 2007 年下半年以来，全球金融风暴此起彼伏，接踵而来的是几乎世界范围内的经济衰退。各主要经济大国的经济数据表明，这场由美国次贷危机所引发的世界经济衰退已经见底，但世界各国经济的复苏前景似乎仍然扑朔迷离、长路漫漫。发达经济体的财政紧缩、"去杠杆化"仍在持续，美国的"财政悬崖"、欧洲的债务危

机都远未解决。伴随结构调整的波动与阵痛，世界经济低速增长，随时面临下行风险①。后现代社会"生产决定消费"向"消费主导生产"的转换，实际上反映了财富内涵的更新。"生产决定消费"意味着"已经产出的价值"是人类进行消费的前提和对象；而"消费主导生产"则意味着一种对"还未产出的价值"的心理预期，体现的是一种"欲望价值"。这种转向使财富的内涵不仅关涉制度、技术，更关涉精神。因此，当下在财富问题上最为深刻的问题，是经济发展意识框架中人类的精神境界问题。实质上，人的主观精神始终交错于经济市场的所有时空和交易行为中。人类伴随着物欲冲动的无限膨胀，将客观的市场原则完全主观化、幻觉化，必然将市场推向危机的边缘，而财富的幻想则进一步加剧了人的异化与社会的畸形发展。通过华尔街金融危机，我们会发现如此事实：金融领域的冒险离不开经济效用的主观化对经济信用的幻觉化的穿透②。因此，华尔街金融体系反映了当代西方人的精神状况和生存境遇。就目前衰退的国际经济形势而言，重建怎样的精神财富成为西方国家关注人的生命意义必须面对和反思的形而上的问题。

（二）经济奇迹与精神物化：中国经济发展的成就与隐忧

改革开放开启了中国经济发展的新时期，国家统计局数据显示：从 1978 年到 2017 年，中国国内生产总值按不变价计算增长 33.5 倍，年均增长 9.5%，平均每八年翻一番，远高于同期世界经济 2.9% 左右的年均增速，中国经济占全球经济的比重从 2.2% 上升到了 15%，中国经济总量在世界的排序，从 2002 年的第 6 位，上升至 2010 年的第 2 位，目前依然保持着世界第二大经济体的位置。2010—2020 年，中国经济保持高速发展，成为世界舞台上的一朵奇葩，创造了举世瞩目的"经济奇迹"。"中国模式"的"经济奇迹"表明中国社会自 1978 年改革开放以来的第一次"转型"的巨大成功，中国逐步转向一个以市场驱动为主要增长路径的更加正常的经济体。然而，正是由于第一次"转型"的重点在于经济运行机制的转变，因此，GDP 的增长成为"转型"的首要目标，至于社会的其他方面，与其说是变革，不如说是经济变革下的影响。第一次"转型"虽然创造了世界为之瞩目的经济奇迹，却忽视了经济高速增长造成的"精神物化"，这种精神的"普遍困境"正在成为一种能够被明显感觉到的普遍而深刻的精神缺失，直接影响了经济的健康持续发展。处于全球资本主义以及剧烈社会转型期的现时代，当代中国重构和培育精神形态，既是第一次"转型"后经济增长方式不可持续的必然结果，也是一个充满焦虑的社会的自发要求。

纵观国内外经济发展格局，如今已经十分明显的是：现代文明的发展不仅有赖于巨大的经济成就和物质财富的增长，而且取决于精神——文化的开拓性建设。如果说，这一精神重建将积极指向新文明类型的可能性，那么它就必定会意味着人类整个生存方式的"再度启蒙化"，同时也意味着经过人类的合理导向，现代文明真正的意义是世界能够完成一种新型的自由和富裕的承诺，而人类在当代物化的世界中

---

① 王敏：《探索中国对外战略新思维》，载《金融时报》，2013-03-28。
② 张雄：《财富幻象：金融危机的精神现象学解读》，载《中国社会科学》，2010(5)。

发现的就绝不仅仅是人的失落的事实，更能从中窥见潜在的自由和希望。

二、职业精神与中国职业教育选择

基于国内外经济发展所面临的普遍精神困境的时代背景，尤其是立足于中国经济发展，反观服务于我国经济结构转型和产业升级的职业教育的发展现实，我们更需站在真正关心人和社会发展的高度，深刻把握人才培养的时代意义，进而抵抗工业文明时代的浮浅，重建职业教育的尊严与深度。

(一)社会层面：职业精神是解决个体精神、职业组织与社会文明秩序的基础文化策略

现代化的生产被描述为"有组织的不负责任"(贝克在《解毒剂》中提到的概念)，一方面，生产组织的发展成熟以及在此基础上形成的人的独立意识、效益意识、竞争观念、时间观念等，不仅迎合了市场经济的需要，也符合社会、组织和个体发展的必然趋势；另一方面，以经济利益为驱动力的市场价值取向，使得"商品人格"蔓延成为各行各业的普遍人格特征。例如，制造领域的偷工减料，医疗领域的"红包"交易，传媒领域的有偿新闻等不正常现象。上述现象表明，成熟的市场并不是直接"生产"而成，它需要"人"的把控与引领。因此，中国职业教育在"为什么样的社会"培养人的问题上，首先面临着中国经济在向市场经济的现代组织社会转型和发展过程中，从传统社会脱胎而出的"人"如何成长为现代社会负责任的"职业人"。

在传统社会中，家庭、村社、作坊、行会、庄园、教区、宫廷等有限的团体是人类生活的世界。有限团体的特征是边界相对明确，每个人几乎都认识所有其他人；组织规则简单明确，每个人都知道自己在团体中的位置。总之，这是一个"熟人社会"。由此，每个人都清楚自己和他人对生活于其中的团体所负有的责任，而且一种内部的互相监督使得任何不负责任的行为都要付出代价和成本。然而，随着现代市场经济制度的发展，一个以个人为本位的现代社会成了人类的生活世界，相对于熟人社会的"具体"，现代社会是一种"抽象实存"——它存在，却无法具体地感知其存在；与此相应，对现代社会的责任也被"抽象"化[1]。因此，当人置身于"将家庭、行会、教区乃至于国家都放置在自身基础之上"的现代社会，似乎不再明白无误地知道个体责任的具体内容与实现途径，即使在 21 世纪的今天，个人的社会责任问题仍然存在广泛的争议。实际上，一个对"抽象"的社会负有"抽象"责任的"人"需要一个学习的过程，即在"具体"的社会性活动中，通过承担相应的"具体"责任成长为负责任的"人"[2]。在市场经济的现代社会，职业活动是最能够引导人成长为负责任的"人"的具体社会活动，现代社会极大地扩展了人的能动性、个体性与主体性，也极大地扩展了人的责任范围，对在现代条件下生活的人来说，职业活动是现代人承担社会责任的主要载体，而在职业活动中现代职业人所表现出的精神状态

---

[1] 崔宜明：《韦伯问题与职业伦理》，载《河北学刊》，2005(4)。
[2] 崔宜明：《韦伯问题与职业伦理》，载《河北学刊》，2005(4)。

能否合理地理解和处理自己的行为与他人和社会的关系，能否以对社会生活的合理价值和价值选择为指导的"职业精神"，针对解决"个体精神、职业组织、社会文明秩序"三者之间的问题，虽不是全部，但却是基础性和根本性的文化战略。

(二)个人层面：职业精神是理性认识"人与职业的关系"的内在尺度

与所有的精神形态相同，职业精神的根基是每一个个体对职业的认识，而不是某个或某些权威的人或组织发布的解释。从这个意义上说，职业精神彰显了个体在职业世界中的生存状态，而不同个体所呈现的不同的职业生存状态则隐含着个体对"人与职业的关系"的认识和把握。人与职业的关系依赖于人对职业的工具化和价值化在分析上的区分。职业的工具化是指面向现实的技术倾向，即在现代工业化的过程中，人利用职业所蕴含的技术元素促进社会的变化，在变化的过程中，人逐渐被带入由人自身所构造的世界之中，工具化为这种理解提供了框架。职业的价值化是指职业构成了一种新的文化体系，这种新的文化体系将整个社会世界重新构造成一种控制的对象，职业不再仅仅是谋生的手段，而是已经变成了一种环境和生活方式，即人在职业中存在，而职业形塑着"作为一个人的意义"。

因此，中国职业教育在"培养什么人"的问题上，虽然面对不同的职业需要传递不同的职业知识和技能，但首先应该引领个体对职业更高意义上的精神统一性进行反思，即职业实践的过程是人用自己的职业行为建构起一个更适合人生存发展需要的生活世界（包括对象和自己）。实质上，只有个体从内部世界反观自身，理解人与职业之间各种现实或可能的意义关系，进而形成人所特有的、自我认知升华后所形成的高尚的精神追求，才能实现职业教育的追求——自我的职业价值与社会理想的职业价值协调发展。

实质上，从职业精神视角探讨中国职业教育人才培养质量是基于对社会与人的本质认识而提出的一种职业教育思想和培养策略，其核心命题是"为什么样的社会培养一部分什么样的人"，其基本特征是从职业教育以外的问题来思考职业教育使命，不以仅仅满足职业教育内部需要为目的；由职业知识和技能以外的问题来思考培养目标，不以仅仅满足职业需要为导向。中国职业教育需要将精神的重构融汇到职业教育的"职业"属性之中，通过教育的启迪，使学生真正理解职业并赋予意义，进而建构以职业精神为着力点，提升中国职业教育人才培养质量的理论体系，推动我国社会"二次转型"的发展进程，实现人的全面发展。

第二节 职业精神培育研究进展及其启示

"职业精神培育研究"实质上是关于职业教育人才培育的一个维度的研究，即以"职业精神"为主题的对职业院校学生的人才培育，具体包含"职业教育人才培育"

"职业精神"和"职业精神培育"三个主题。通过分析和评价基于上述三个主题的国内外已有的相关代表性的成果及观点，需要明晰以下问题：一是通过现代职业教育人才培养目的的变迁，了解目前职业教育人才培养的主流目的导向以及人才培养维度的具体构成，从而明确职业精神在目前职业教育人才培养中的地位。二是通过对职业精神及其相近概念研究成果的梳理，了解职业精神概念在内涵、结构、功能等方面的诠释是否明晰，从而判断研究的逻辑起点是否需要重新建构。三是基于对职业精神培育主体、路径等的研究，初步了解职业精神培育的过程，并从学校教育的视角，尤其是深入高等职业教育领域，掌握职业精神培育的基本情况。

一、国内研究现状

（一）职业教育人才培养目的呈现二元取向及其融合趋向

职业教育人才培养目的经历了"知识本位—能力本位—人本导向"的价值变迁。"能力本位"价值观对"知识本位"价值观的扬弃，一定意义上体现了职业教育正视自身发展的理性必然，是职业教育"职业性"类型特色的表征；"人本导向"价值观的提出，是职业教育基于"教育性"本质特征的回应，纠正了"能力本位"价值观对工具化训练的偏颇，强调了加强对学生职业心理、职业道德、个人人格等方面的培养。正是基于职业教育人才培养需要满足"职业性"与"教育性"的双重目的，现有的研究成果由此主要呈现两大研究趋势：一是从"能力本位"价值观的角度，强调市场需求是职业教育人才培养的重要导向，这不仅是服务当前我国经济结构转型和产业升级的社会需求，也是对接企业需求，提升学校就业率的有效途径；二是从"人本导向"的视角，倡导任何一种教育类型，无论是普通教育，还是职业教育，人都是教育的出发点和归宿点。因此，职业教育不能只局限于狭隘的"能力教育"，还应立足于培养全面发展的人，使学生具有相当的人文科学知识和自觉的人文关怀，从而使职业教育实现能力和素质教育的统一。

1. 能力本位是职业教育人才培养实践的主导理念

能力本位是始于 20 世纪 60 年代的一股世界范围内的职业教育与培训思潮，至 80 年代已经在国外形成各种形式的职教模式，如联合国劳工组织的 MES 模块式技能培训（Modules of Employable Skill，MES），加拿大的能力本位教育（Competence Based Education，CBE），德国的双元制（Dual System，DSY）等。能力本位重视岗位操作能力的获得，提倡以能力为基础构建职业教育体系。能力本位自 20 世纪 80 年代末引入我国，便引起学术界广泛关注，成为推动我国职业教育改革的职教理念。

"能力本位"职教观引入中国的 30 余年间，学术界无论是对国外职业教育发展先进经验的介绍，还是对中国特色职教理念建构的尝试，都集中体现了以下观点。

一是强调服务社会经济发展。服务社会是职业院校的根本使命，因此，就职业教育人才培养目标而言，其主导价值取向应是社会本位，即服务于区域经济发展的现实需求①。我国自"八五"到"十一五"的教育部重点课题所形成的研究成果都体现了职业教育社会本位的价值取向，如国家教委职业技术教育中心研究所的《历史与现状——德国双元制职业教育》、熊健民的《高等职业教育经济功能与规模效益的实证研究》、杭永宝的《职业教育的经济发展贡献和成本收益问题研究》、蒋义的《我国职业教育对经济增长和产业发展贡献研究》、姜大源的《当代世界职业教育发展趋势研究》、教育部职业技术教育中心研究所的《中国特色职业教育发展之路：中国职业教育发展报告（2002—2012）》、和震的《职业教育政策研究》等。

二是重视对接劳动力市场需求。职业院校担负着为生产、建设、服务、管理等一线培养技术技能型人才的使命，它必须根据市场的变化和要求，设计对接劳动力市场需求的方案，积极适应社会职业岗位的变化，从而达到减少失业和非技术性就业的目的②。现有研究成果主要集中在"产业升级与职业教育发展"的相关研究中。从理论层面上，有学者提出"三元驱动模式：职业教育提升区域产业竞争力的体系结构"，认为职业教育是推进改造传统产业的中坚力量③；从实践层面上，学者根据不同区域的职业教育改革现实，介绍了成功的经验做法。例如，天津滨海新区通过成立滨海新区职业教育联盟，共建滨海新区技能型紧缺人才培养基地，有针对性地为新区输送"专家型"技能人才，每年为滨海新区各行各业输送 3000 名"专家型"技能人才，从而满足新区产业发展对高素质技术技能型人才的需求。湖南根据全国六大高新技术产业基地之一的长株潭地区对高素质技术技能型人才日益增长的需求，大力推进投资 14.8 亿元的长沙职教基地，支持职业院校对接区域主导产业，大力调整优化专业结构。2007—2010 年，职业院校新增专业点 199 个，调减专业点 115 个，推动高等职业教育深度融入产业链，有效对接区域产业优化和升级的现实需求④。

2. 人本导向是职业教育人才培养理念的价值取向

针对我国职业教育人才培养片面强调经济功能和强化"工具"内容的教育现实，部分学者提出，一味地强调学生职业技能训练的"无人"的职业教育，彻底地忘记了职业教育亦是教育的一种基本类型，"以人为本"才是职业教育的根本目的。这一人才培养理念转向的理论印证，源自 2006 年 5 月《学会做事——在全球化中共同学习与工作的价值观》一书的出版，从此改变了长期以来我国职业教育研究中单一的"能力"导向研究的局面，无论是在我国职业教育理论界还是在实践领域都掀起了"人本导向"职教观的研究热潮。对于"人本导向"价值观的探讨，从时间维度上大致经历

① 崔清源：《社会本位：高职院校人才培养目标主导价值取向》，载《高等教育研究》，2009(2)。

② 吴雪萍：《基础与应用——高等职业教育政策研究》，21 页，杭州，浙江教育出版社，2007。

③ 薛栋：《三元驱动模式：职业教育提升区域产业竞争力的体系结构》，载《教育与职业》，2013(36)。

④ 张祺午、李玉静：《"十二五"，体系年——教育部召开现代职业教育体系建设国家专项规划编制座谈会》，载《职业技术教育》，2011(30)。

了"人格本位、素质本位、以人为本、职业人文主义"的变迁，其主要观点体现在以下四个方面。

一是强调独立人格的价值和人格的自由发展。这种观点主要源于 20 世纪 80 年代末 90 年代初，人格本位教育理论在职业教育领域内的迁移。研究者主要从心理学和社会伦理学的视角，强调职业教育从"就业教育"转变为"终身教育"的过程中，必须重视学生完整人格的形成与发展，在自我效能、能力动机、职业伦理、职业道德等方面重新建构高等职业教育的发展理念。较为详尽地提出"人格本位"职教理念的是邓志伟和马庆发两位学者。前者认为，"职业教育从能力本位论走向人格本位论是历史发展的必然"①；后者认为，人才观念的更新，已促使无论是普通教育或是职业教育培养目标的"重心"都发生"人格本位"的转向②。

二是注重综合素质的培养。最早提出"素质本位"职教观的学者解延年，将其定义为"以职业素质为基础，以职业能力为核心，以职业技能为重点的全面素质教育或素质培养"③；后有学者详细地解读了职业素质的结构，指出职业素质由基础性素质、专业性素质和创业、创造性素质三部分构成④；系统地论述则体现在周明星编著的《高等职业教育人才培养模式新论——素质本位理念》一书中，分别从广义和狭义的"素质本位"职业教育的内涵出发，建构了职业教育的人才培养理论。

三是促进人的全面发展。"以人为本"职教观主要从"人是教育的最终目的"、马克思主义实践哲学、生存论等视角出发，强调"育人"是高等职业教育的首要价值。在此基础上，学者们提出"学会做人"⑤"精神成人"⑥"相信人人有才、帮助人人成人、帮助人人成才"⑦等职业教育理念，强调职业教育要超越纯粹工具理性，回归价值理性，变单向度视域为人的全面发展。"以人为本"职教观的系统建构体现在卢洁莹的博士论文《生存论视角的职业教育价值观研究》中，该论文通过对人与职业教育关系的历史钩沉，借鉴生存论哲学研究方法论，重建本真职业教育价值观，为重新认识"以人为本"职教观提供新的理论基础。

四是突出职业教育类型特色的人文关怀。职业院校在推进人文素养建设中，越发意识到应当按照服务社会的原则来重新阐释和设计人文内涵，定义全人发展理念，从而树立具有职业特色的人文理念。尤其以 2005 年由《教育研究》杂志社、广

---

① 邓志伟：《21 世纪世界职业教育的方向——兼对能力本位的职教体系的质疑》，载《外国教育资料》，1998(1)。

② 马庆发：《当代职业教育新论》，59 页，上海，上海教育出版社，2002。

③ 解延年：《素质本位职业教育——我国职业教育走向 21 世纪的战略抉择》，载《教育改革》，1998(2)。

④ 王敏勤：《由能力本位向素质本位转变——职业教育的变革》，载《教育研究》，2002(5)。

⑤ 周伟铭：《高职人文教育回归本源探讨》，载《当代青年研究》，2010(3)。

⑥ 王懂礼：《高等职业院校学生"精神成人"：理论意义与实践反思》，载《中国教育学刊》，2012(S1)。

⑦ 杨金土：《以人为本的职业教育价值观》，载《教育发展研究》，2006(1)。

东顺德职业技术学院等联合举办的"高等职业教育人文论坛"为标志，"职业人文主义"的职业教育理念成为研究的热点。有学者指出，高等职业院校的人文教育是一种"职业形态"或"特殊形态"的人文教育，可称为"职业人文教育"①。职业院校的"职业人文教育"要注重学生职业能力与内在精神建构的有机结合，培养既具有高级专门技术，又具有较高人文素养的创新型综合性人才②。此外，职业院校中的专业教育要克服技术至上的观点，让学生正确认识技术、社会、人三者之间的关系，提倡技术中的人文精神，在技术服务中要渗透对人的关怀③。正是基于上述观点，有学者提出职业能力与职业道德的融合教育是职业教育人才培养的趋势④。同时，职业教育的实践研究也体现了"职业人文主义"的转向，如韩振的《以职业道德为核心加强人文素质教育》、徐翠娟的《将职业素质教育贯穿高职教学全过程》等。

(二)职业精神及其相近概念的内涵和功能研究

目前我国学者对职业精神的研究不是很系统，对"职业精神"这个概念的运用并不十分明确，它往往与敬业精神、职业伦理精神、职业道德精神、职业人文精神、专业精神等概念交织在一起，因此，研究成果的梳理也是围绕职业精神及其相近概念而展开的。

学术界对现代职业精神的集中关注始于《求索》杂志社1998年设立的"敬业精神"研究专栏，在这个专栏里发表了一系列关于"敬业精神"的研究文章，如《论敬业精神》《现代敬业精神的重塑》《敬业精神与意义世界的建构》《论法制社会中的敬业精神》《公务员敬业精神：市场经济条件下的思考》《敬业精神与人的全面发展》《当代中国发展走向中的敬业精神》等。上述文章结合时代特征和具体实际，分别从市场经济、人格塑造、价值指向、法制、人的发展等方面对敬业精神的内涵进行了初步的探讨。张萃萍的博士论文《敬业精神的价值及其培育——对当代中国敬业精神的理性思考》则使敬业精神研究得到了一定的理论化和系统化。近十年来，关于职业精神及其相近概念的相关研究成果主要体现在以下两个方面。

1. 职业精神及其相近概念的内涵研究

关于职业精神的内涵研究，学者们的研究成果主要从"逻辑起点"和"结构要素"两个视角进行阐述。

一是通过以"职业"或"专业"为逻辑起点界定职业精神（职业道德、职业伦理、专业伦理）的内涵，提出生产力发展基础上的社会分工是职业精神（职业道德、职业伦理、专业伦理）产生的前提条件，由分工形成的职业活动是职业精神（职业道德、职业伦理、专业伦理）产生的实践基础。依次逻辑，职业精神内涵的界定主要表现

---

① 高宝立：《职业人文教育论——高等职业院校人文教育的特殊性分析》，载《高等教育研究》，2007(5)。

② 高宝立：《高等职业院校的人文教育：理想与现实》，载《教育研究》，2007(11)。

③ 文静、薛栋：《技术哲学的"经验转向"与中国职业教育发展》，载《教育研究》，2013(8)。

④ 薛栋：《高等职业教育人才培养目的的二元取向及融合趋向》，载《职业技术教育》，2015(1)。

为三个维度：从社会分工角度看，职业精神与人们的职业活动和职业发展密切相关，其内涵反映着职业实践赋予人类认识和改造自我意识的流变；从职业发展角度看，职业精神影响着职业活动的性质和方向，是提高职业活动效率的内在动力；从个体存在角度看，职业精神反映并表现着个体精神世界的内容和境界①。其具体观点体现在王水成、赵波的《职业道德论要》，郭强的《职业道德与职业生涯》，蔡志良的《职业伦理新论》，李桂花、赵居川的《大学生职业道德教程》等专著中。

二是通过对职业精神构成要素的研究，诠释职业精神的内涵。大部分成果只是泛泛之谈，涉及职业理想、职业态度、职业义务、职业责任、职业纪律、职业作风、职业荣誉、职业良心等多个要素。综合起来看，其集中体现在"敬业""诚信""公道"等内容上。例如，邱吉提出，"敬业"是职业精神的显著特征，"诚信"是职业精神的内在道德准则，"公道"是职业精神的基本要求，并将"敬业"具体分为"坚守岗位、勤奋努力、享受乐趣、精益求精"四个层次，将"诚信"定义为真实无欺、遵守约定或践履承诺的态度和行为，将"公道"解释为平衡"责""权""利"三者之间关系的杠杆②。任者春提出，"敬业"是职业精神的核心，在职业实践中，具体体现在畏业、研业、爱业、精业和创业五个方面③。肖群忠认为，"敬业"行为是职业精神的重要表现，并指出"敬业"精神主要包含"对职业价值与意义的高度认同、热爱职业的情感态度、积极主动的意志品质、勤业精业的行为意向"四个方面，进而界定敬业精神就是人们在对职业的价值、意义与使命有高度认知基础上形成的一种对职业的敬畏、虔诚、热爱、专心、积极主动、开拓创新、忠于职守、勤奋认真、锲而不舍、精益求精的心理和精神状态④。此外，我国《公民道德建设实施纲要》提出的"爱岗敬业、诚实守信、办事公道、服务群众、奉献社会"的职业规范要求也在一定意义上反映了职业精神的构成要素。

2. 职业精神及其相近概念的功能研究

关于职业精神的功能研究，学者们更多是从社会本位的视角，认为职业精神有助于使人树立正确的世界观、人生观和价值观，增强社会责任感和公民意识，进而推动社会进步和国家繁荣。相关的研究成果主要蕴含在职业道德、职业伦理等的相关研究之中，研究的时间主要分为两个阶段。

第一阶段是 20 世纪 90 年代。随着市场经济的快速发展，职业活动对社会的影响日益增强，对职业道德的相关研究逐渐兴起。例如，阮顺雄等的《职业道德与经

① 邱吉：《培育职业精神的哲学思考——从职业规范的视角看职业伦理》，载《中国人民大学学报》，2012(2)。

② 邱吉：《培育职业精神的哲学思考——从职业规范的视角看职业伦理》，载《中国人民大学学报》，2012(2)。

③ 任者春：《敬业：从道德规范到精神信仰》，载《山东师范大学学报(人文社会科学版)》，2009(5)。

④ 肖群忠：《敬业精神新论》，载《燕山大学学报(哲学社会科学版)》，2009(2)。

济文化发展》、罗国杰的《当代中国职业道德建设》、赵修义的《职业道德新论》、王荣发的《现代职业伦理学》、朱金香的《职业伦理学》等，更多是从经济发展的视角论述职业道德、职业伦理对改革开放的促进作用。

第二阶段是 21 世纪初至今，随着《公民道德建设实施纲要》的印发和我国社会经济的深化发展，学术界对职业精神的关注主要体现在"职业精神与公民社会建设"的相关研究之中。这一时期的专著成果更多地聚焦于社会具体行业的职业精神、职业伦理、职业道德等研究之中。例如，怀效峰的《法官行为与职业伦理》，吴祖明、王凤鹤的《中国行政道德论纲》，叶陈钢的《会计伦理概论》，钱广荣的《新世纪师德修养读本》等，学者虽然针对不同的职业领域，但都是针对转型时期社会整体价值的错位，提出在职业活动中强化职业品质教育，增强公民的现代责任意识，从而引领社会健康可持续发展。此外，《中国社会科学》《求是》等期刊发表了相关主题的系列文章，如高丙中的《社团合作与中国公民社会的有机团结》，蒋传光的《公民社会与社会转型中法治秩序的构建——以公民责任意识为视角》，张首先的《增强生态责任、促进公民生态行为的养成》等。

（三）职业精神培育的相关研究

1. 职业精神培育的路径研究

职业精神以何种方式融进专业和职业教育之中，成为加强职业精神培育实践性的关键。目前关于职业精神培育的路径研究，主要体现在规范约束、环境熏陶、教师示范、活动体验等方面，不同学者从不同方面进行了探讨。

一是主张职业规范教育是职业精神培育的切入点。邱吉等学者认为，职业规范是职业活动得以正常进行的前提，是职业精神得以发挥作用的重要载体。通过用职业规范中隐含的纪律精神引导从业者深刻理解规范背后的合作精神、奉献精神等，使从业者认同并内化规范中隐含的职业信念，并在自觉践履职业义务的过程中不断实现自我超越[①]。颜峰等学者则直接将职业规范细化为职业法规、行业规约和岗位职责三个方面，指出通过培养职业规范意识，确立大学生对职业理想的信奉与追求[②]。

二是建议以校园文化为基础构建职业精神培育环境。关于职业精神培育校园文化的营造，学者们大多强调物质、制度、精神层面的综合建设，具体涉及学校的景观、校风、校纪、社会实践活动等多个方面的理论探讨和实践经验总结。有学者专门指出，要加强校园文化建设的专业化特征，包括专业创造性、专业使命感、专业

---

① 邱吉：《培育职业精神的哲学思考——从职业规范的视角看职业伦理》，载《中国人民大学学报》，2012(2)。

② 颜峰、洪兴文：《论职业道德意识的培养》，载《清华大学学报（哲学社会科学版）》，2008(S1)。

个性化和专业审美观四个方面的内容，培养学生的专业角色认同和专业理性追求①。

三是强调教师职业素养是职业精神培育的教育资源。有学者曾对历时十多年的普通高校文化素质教育活动进行了总结，认为其中一个突出的问题是教师在专业课教学中对学生实施诚信、责任、创业、敬业等人文素质方面的教育比较困难，教师缺乏结合专业进行人文教育的能力②。因此，学者们针对教师素养的提升，分别就师德建设、专业发展等方面展开了讨论，如田爱丽的《教师职业道德建设中实践体验模式研究》，王宝国的《环境·责任·素养——当代中国大学教师的责任伦理生成路径》，张华军、朱旭东的《论教师专业精神的内涵》等。

四是突出在专业课程活动中渗透职业人文教育。潘懋元等学者认为，由于高等职业教育年限较短，实习实训任务较重，所以高等职业院校开展人文教育，应将人文素质教育渗透于课程教学或技能实训之中，而不是开设专门的人文教育课程③。因此，职业院校应当以职业需要为导向开展职业人文教育，将人文精神融汇在学生实习实训过程中对专业技术的运用之中④。

此外，部分学者就上述几个方面进行了综合研究，如丁继安的《职业人文——高职人文教育的新视角》，周明星的《高等职业教育人才培养模式新论——素质本位理念》，高宝立的《高等职业院校人文教育问题研究》等。

2. 具体领域的职业精神培育研究

部分学者对具体领域的职业精神、职业道德、人文精神等进行了理论及实践探索，涉及新闻、医学、工程、海关、图书馆等领域。其代表著作包括黄鹂的《论美国新闻教育的职业化》、宫福清的《医学生医学人文精神培育研究》、唐丽的《美国工程伦理研究》、缪其浩的《图书馆员：职业精神与核心能力》等。随着我国现代化进程的加快，张海辉在博士论文《现代化视域下的当代中国职业道德研究》中指出，职业道德的问题日益凸显，在现代化视域下研究当代中国职业道德这一时代课题已迫在眉睫。通过对医生、教师、记者等一些行业职业道德现状进行分析，从传统因素、中华人民共和国成立后职业道德建设影响和现代化发展本身造成的负面冲击等方面对当代中国职业道德的发展现状进行了剖析，认为当代中国职业道德应当是包含着责任意识、服务意识、诚信意识、人本意识等主体性精神内容，并从职业道德建设的角度，要求通过教育、传媒建设和法制建设等多方面的多重努力来促进社会

---

① 李海林：《论大学校园文化建设的专业性特征——兼论校园文化建设的价值意义》，载《江苏高教》，1995(2)。

② 刘献君：《科学与人文相融——论结合专业教学进行人文教育》，载《高等教育研究》，2002(5)。

③ 潘懋元：《黄炎培职业教育思想对当前高等职业教育发展的启示》，载《教育研究》，2007(1)。

④ 高宝立：《职业人文教育论——高等职业院校人文教育的特殊性分析》，载《高等教育研究》，2007(5)。

职业道德水平的提高①。

3. 高等职业教育职业道德培育的相关研究

在已有的研究文献中，关于职业精神培育与高等职业教育之间的相关研究，并未受到职业教育学科研究者和实践者过多的关注，研究基础相对薄弱。寥寥无几的研究成果也仅仅是在就业教育的框架下，围绕着就业、敬业、精业、乐业、创业等，提出职业精神培育的必要性，并结合职业教育人才培养的特色，认为校企合作是培育职业精神最有效的途径。其具体体现在葛为群的《高等职业教育的人文本质与德育的职业精神建构》、王金娟的《基于工学结合的高职学生职业精神培养》、蒋晓雷的《现代职业精神的培育》等中。其具体研究主题主要体现在以下两个方面。

（1）高等职业教育职业道德培育课程研究

目前，从国家层面对高等职业院校职业道德教育的指导，主要体现在系列职业道德教材的编写发行，如中国伦理学会德育专业委员会组织编写了针对职业院校学生的系列实验教材。学者针对职业教育职业道德培养的缺失，从职业教育专业课程的重构来改革职业道德教育，主要包括人格本位和诗教美育两种模式。马树超等学者认为应构建人格本位的职业教育课程模式。该模式以职业素质为核心确立课程目标，围绕课程目标设置职业知识、职业能力、职业态度、职业伦理四部分内容。其中，职业伦理教育包括职业理想、职业态度、职业义务、职业技能、职业纪律、职业良心、职业荣誉和职业作风八个主要范畴②。朱利萍提出，从美育的视角，以诗教为突破口，通过体验、鉴赏、思考等方法在高等职业院校中开展诗教美育，提出要积极探索和实践以专业课程和诗性文化相融合的诗教美育模式，使诗教美育真正在专业课程中得以渗透，在第一课堂中加以深化，融诗性文化与专业文化于一体，融理性教育与感性教育于一体，在提升学生专业品质和专业素养的过程中突出对职业价值观和诗性人生的追求，使学生在接受教育过程中走向自我成长的真实③。

（2）高等职业教育职业道德培育校企合作模式研究

校企合作是职业教育人才培养的重要形式，通过校企合作构建职业道德培育模式成为学者研究的主要方向。研究的视角和内容主要包括以下三个方面：一是企业文化与校园文化对接。学者从企业文化和校园文化两种文化对接的目标、内容、途径等方面，探讨职业教育如何将校园文化和企业文化适度融合，通过构建具有企业特色的校园文化，使毕业生走向工作岗位时快速融入企业文化，自觉认同企业价值理念，顺利完成职业角色转变④。二是校企合作创新职业素质教育实践项目。职业素质实践项目除传统意义上的人文素质修养、社交适应训练等人文素质课程外，基

---

① 张海辉：《现代化视域下的当代中国职业道德研究》，博士学位论文，华东师范大学，2010。

② 马庆发：《当代职业教育新论》，上海，上海教育出版社，2002。

③ 朱利萍：《教育性的回归：高等职业教育的当代命题——基于诗教美育的实践选择及其策略》，载《中国高教研究》，2010（3）。

④ 盖晓芬：《高职院校学生职业素质培养要义与路径选择》，载《中国高教研究》，2009（8）。

于专业群的特征，建设职业规划设计、专业素质拓展、职业心理塑造等项目，邀请企业参与内容的设定和效果的评价①。三是校企合作互动教学模式。学者分别从理论和实践两个层面探讨校企合作教学。理论层面上，关注共同开发制订职业道德教育的教学计划、课程设置、教材编写等；实践层面上，关注企业资源的充分利用，包括提供实习实训场所、参观企业文化、聆听先进事迹、聘用技术能手充实师资队伍、企业参与对学生职业道德的评估工作等②。

关于高等职业院校学生职业素质培养的系统研究体现在高宝立的博士论文《高等职业院校人文教育问题研究》中，该研究认为培养全面发展的"职业人"是高等职业院校办学目标的必然选择，通过对全国 15 个城市 26 所职业院校的调研，分析了我国高等职业院校人文教育由于模糊的办学理念、功利主义的价值取向和办学定位不准导致的令人担忧的状况，并在此基础上，提出"职业人文教育"理念，即确立科学教育与人文教育融合的办学思想和重构高等职业院校的人文精神，实现对工具价值取向的超越。根据"职业人文教育"的教育理念，其培育的内容包括职业价值观、职业道德、职业核心能力培养以及职业生涯规划指导，在实施中要强调专业渗透和实践体验，注重在专业教学中渗透人文教育，建构体现职业人文特色的校园文化，提高教师的职业人文教育能力等③。

二、国外研究现状

（一）国际职业教育人才培养目的趋向多元化

目前，世界各国都高度重视技术技能型人才培养，把它看作提升国家竞争力的关键，宣称职业教育是"减轻贫困、促进和平、保护环境、改善全民生活质量并帮助实现可持续发展的万能钥匙"，提出职业教育的贡献包含意义更加广泛的经济目标(满足最基本的需要、促进平等等)，社会目标(确保社会公正、有意义的工作、机构责任等)以及环境目标(保护动植物、预防腐蚀等)。通过对国外关于职业教育与培训体系政策、专著等的条分缕析、钩玄提要，职业教育人才培养目的趋向集中体现在以下三个方面。

1. 服务经济增长是职业教育人才培养理念的基本要求

美国学者伯纳德·L. 温斯坦博士在研究西方国家经济社会发展的普遍规律时指出："西方的经验有力地证明，一个健全的职业教育与培训体系，是一个比高等教育还要关键的因素。"世界各组织各国均从人力资本的视角将职业教育人才培养作为地区和国家的发展战略。

2000 年 9 月，联合国大会决议通过的《联合国千年宣言》中明确提出，职业教育所培养的高素质技能型工人在实现可持续发展中发挥着关键的作用。2008 年，联

---

① 吴光林：《高职院校职业素质教育的理论研究与实践探索》，载《中国高教研究》，2009(11)。
② 何光辉：《职业伦理教育有效模式研究》，博士学位论文，华东师范大学，2007。
③ 高宝立：《高等职业院校人文教育问题研究》，博士学位论文，厦门大学，2007。

合国教科文组织发布《职业教育与培训：重新进入发展议程中》提出，职业教育与充分就业机会密切相关，通过帮助人们扩充技能、提高生产力，从而有利于形成一个更强大、更具竞争力的经济实体。为了更好地实现职业教育的经济功能，欧盟各国推动教育与培训系统现代化的过程都以获得更大效率和成本效益为驱动[1]，强调应时刻关注并把握知识经济中劳动力市场的变化，包括职业资格水平与人口的变化趋势。2002 年，确立了"联合国可持续发展教育十年（2005—2014）"项目，支持与工作世界相关的职业教育、培训与能力构建。德国高度重视职业教育，始终把发展职业教育作为国家经济发展的战略措施。德国联邦职业教育研究所 2009 年对 1000 个企业进行调查的结果表明，在经济危机时期，"双元制"职业教育是帮助德国经济平稳过渡的重要力量。英国政府认为技术技能型人才是提高生产率的重要因素，是英国社会发展的主要驱动力，职业教育人才培养质量因此成为国家重点关注的领域。美国在肯定生涯与技术教育的投资会带来数倍的收益回报的同时，更从绿色经济的视角提出，只有大力培养"绿领工人"才能应对国家能源可持续发展的需要，并将"能源可持续"等绿色发展概念贯穿整个中等及中等后教育大纲，强调生涯与技术教育对于可持续性产业发展的重要意义。澳大利亚政府认为国家未来繁荣与劳动力技能和生产能力密切相关，提出必须加大对人力资本的投入，建立一支高技能队伍。

2. 实现终身学习是职业教育人才培养的主导理念

终身教育是当代社会最具影响力的教育理念，把职业教育与培训作为发展终身教育的重要途径，不仅主导着当前国际社会教育改革的方向，同时也代表着 21 世纪世界教育发展和进步的趋势。

联合国教科文组织从"四个支柱"论述职业教育必须面向人的生存理念，它的主要教育思想成为指导国际职业教育发展的纲领性文件。其具体内容体现在《学会生存——教育世界的今天和明天》《教育——财富蕴藏其中》两部著作之中。欧盟在研究报告《生涯指导的职业化：欧洲从业者的能力和资格路径》中提出，要把终身生涯指导纳入公民的终身学习战略中去，使所有公民在生命过程中都能获得连贯、整体性的生涯指导[2]。联合国教科文组织提出技术与职业教育应与各级各类教育和职业界相沟通，将个人的教育需要、职业的发展及工作经验都看作学习的组成部分，通过建立开放和灵活的教育结构，促进弹性入学，使职业教育与培训成为终身教育的一个重要组成部分。德国致力于建立"跨教育领域"的国家资格框架（Deutsche Qualifikations Rahmen，DQR），使其成为各类教育之间衔接与沟通以及职业教育与普通教育之间等值的工具[3]。21 世纪初，美国将"职业技术教育"更名为"生涯与技术教育"，体现了职业教育理念的转变。澳大利亚职业教育资格框架（Australian Qualifications Framework，AQF）于 2000 年在全澳洲全面实行，帮助学习者计划职业生

---

① 李建忠：《欧盟职业教育发展的若干政策走向》，载《职教论坛》，2007(1)。
② 姜大源：《当代世界职业教育发展趋势研究》，463 页，北京，电子工业出版社，2012。
③ 陈衍，等：《职业教育国际竞争力报告：1998—2008》，长春，东北师范大学出版社，2008。

涯，促进终身学习。

终身学习背景下的职业教育与培训已明显成为世界教育发展的共同趋势，针对这一趋势职业教育与培训面临的最重要的问题包括职业教育与培训机构的多样化、标准导向和能力本位的教学方法、职业教育与培训的质量保障以及职业教育与培训的经费与管理等①。

3. 推动社会健康发展是职业教育人才培养的价值取向

职业教育经历了从"客体需要"到"主体发展"的转变，逐渐走向发展性的人才培养观，即通过培养可持续发展的人，引导社会通过自身改革和创新适应发展的人才观②。如欧盟强调如果要实现职业教育与培训的质量目标，促进其更快增长，创造更多的工作岗位和更大程度上实现社会平等，职业教育与培训必须兼顾效率与公平。职业教育培训对低技能、低素质人口及其他处于危境之中的社会弱势群体的关注，将有助于增强社会凝聚力，建议各成员国要建立并发展从职业教育到继续学习和就业的畅通而多样化的路径，致力于完善并提高针对失业人员和弱势群体的公共职业教育和培训计划③。联合国教科文组织指出职业教育与培训应面向全民，成为体现关怀弱势群体、促进社会公平的重要手段，保证女童和妇女接受均等的教育机会，为失业者和各种处境不利的人群提供各种正规与非正规的技术和职业教育与培训。面临日益严峻的人口老龄化问题，联合国教科文在组织召开的以"老龄化社会中的技术和职业教育与培训"为主题的国际专家会议中指出，职业教育必须形成专门的培训框架和培训项目，加强对老年人口的再培训，使其在社会上继续发挥新的作用。英国政府则提出实施社会不利群体职业教育与培训的资助制度，提高大龄失业者和单身母亲的补助标准。而美国生涯与技术教育国家研究中心报告和盖茨基金报告更是指出，生涯与技术教育大大提高了教育的参与率，数据显示：生涯与技术教育班级的辍学率是学术课程班的一半，81％想辍学的学生正是生涯与技术教育"实用的学习"让他们留在了学校。同时，美国也高度重视生涯与技术教育对于可持续性产业发展的重要意义，围绕绿色可持续产业，大力资助社会学院及技术学院开展"绿领工人"培养项目。澳大利亚的"绿色工作项目"同样体现了职业教育孕育与传播绿色经济的使命。澳大利亚政府公布了5万个绿色工作和绿色技能培训的位置，涉及矮树丛再生和本土树木种植、野生动植物和鱼产地保护等。为此，政府投资9400万澳元。该项目的直接目的是要保证澳大利亚年轻人或处于社会不利地位的群体人员获得绿色工作所需要的培训和技能。

---

① 联合国教科文组织职业技术教育和培训国际中心：《国际职业教育与培训协会召开第15届国际会议：终身学习背景下的职业教育与培训》，载《职业技术教育》，2006(27)。

② 肖凤翔、薛栋：《中国现代职业教育质量保障体系的研究框架》，载《江苏高教》，2013(6)。

③ 陈衍，等：《职业教育国际竞争力报告：1998—2008》，56页，长春，东北师范大学出版社，2008。

(二)职业精神的内涵和功能研究

1. 职业精神的内涵研究

本杰明·富兰克林是对美国职业精神最早的阐释者,他留下的自传及《穷查理年鉴》是最完美的佐证,在他的书中,"克制""禁欲""勤奋""节俭""诚实"等是对职业精神的集中诠释①。阿尔伯特·哈伯德提出,职业精神表现在以十足的勤奋对待工作,以忠诚的态度对待公司,以坚定的信心对待自己,让敬业成为一种习惯,自动自发地工作②。阿尔伯·特哈伯德的职业精神除了关注工作,强调了对自己的欣赏和自信③。詹姆斯·H. 罗宾斯是继本杰明·富兰克林、阿尔伯特·哈伯德之后又一位美国职业精神的阐释者。他认为,敬业就是尊敬、尊崇自己的职业。如果一个人以一种尊敬、虔诚的心灵对待职业,甚至对职业有一种敬畏的态度,他就已经具有职业精神;同时指出,真正的职业精神要上升到视自己的职业为天职的高度,使自己的生命信仰与自己的工作联系在一起,只有将自己的职业视为自己的生命信仰,才是真正掌握了敬业的本质。詹姆斯·H. 罗宾斯将职业精神的内涵归结为四个方面:自信是职业的分内要求、勤俭是敬业的基石、主动是敬业的特性和爱是敬业的升华④。罗宾斯将职业精神的内涵提升到了生命的高度。马克斯·韦伯在《新教伦理与资本主义精神》中总结的勤奋、忠诚、敬业,视获取财富为上帝使命的新教精神,就是清教徒在履行天职时所体现的职业精神。马克斯·韦伯强调职业精神最为重要的是,要像上帝命令的那样,把劳动本身当作人生的目的。爱弥尔·涂尔干在《职业伦理与公民道德》中对职业伦理的理解归纳为两个方面:一是职业伦理较之其他伦理的特殊之处是每一种职业伦理都有其所限定的领域,对应于生产专业化和社会分工;二是职业伦理能够发挥正常作用的是群体的凝聚力,以及群体组织稳定性和合理性。上述学者对于职业精神的理解,虽然具体内容有所差异,但将职业视为"天职"是西方人对职业精神诠释的逻辑起点。

2. 职业精神的功能研究

工业化的进程推动了经济结构、社会关系和文化价值观的深刻变迁,传统的价值观念、宗教信仰乃至社会关系与社会秩序受到了强烈冲击,正是基于"现代性"问题日益凸显的背景下,职业精神与重建资本主义社会秩序的相关性研究成为西方学者们开展职业精神功能研究的焦点。

---

① [美]本杰明·富兰克林:《穷理查年鉴——财富之路》,上海,上海远东出版社,2002。

② [美]阿尔伯特·哈伯德:《自动自发地工作——一个主动而且出色完成任务的绝妙方法》,北京,线装书局,2003。

③ [美]阿尔伯特·哈伯德:《致加西亚的信——哈伯德工作理念全书》,呼和浩特,远方出版社,2004。

④ [美]詹姆斯·H·罗宾斯:《敬业:美国员工职业精神培训手册》,5页,北京,世界图书出版公司,2004。

工业化成熟期的马克斯·韦伯在《新教伦理与资本主义精神》中深刻阐释了源自基督新教的"天职"观念，将职业看作"上帝赋予个人的责任和义务"，揭示了天职作为资产阶级文化的根本基础，构成了近代资本主义精神乃至整个近代文化精神的基本和核心的要素。马克斯·韦伯更多地看到了人类行为和意识形态的错综复杂的关系，将一个"在由作为主体的公民个人之间的互动领域的社会中，负责任的公民何以可能"问题，理解和阐释为职业精神、基督教传统和资本主义精神三者关系的问题，而几乎放弃了改进社会秩序的冲动。

工业化高潮时期的爱弥尔·涂尔干面对现代经济领域内的社会秩序伦理失范，重构了社会秩序和与工业社会特征相适应的职业伦理及其道德环境——职业群体之间的关系，提出要建立良好的社会团结，需要依赖于作为社会成员共同的信仰和情操的集体意识。在《职业伦理与公民道德》中，他考察了职业伦理公共精神的社会起源及其在"现代性"的形成和发展中所起的奠基作用，进而提出职业群体必须有自己的伦理规范，并指出"没有道德纪律，就不可能有社会功能"①。然而，他提出的职业群体和职业伦理对于现代职业生活的整合是有限的。随着新的职业领域层出不穷，现代人的利益与价值追求日趋多元，职业群体所形成的道德环境难以得到个体的认同和响应。如何实现不同职业群体和职业群体与非职业群体真正意义上的价值整合，是当今社会需要面临和解决的问题②。

（三）职业伦理教育的相关研究

爱弥尔·涂尔干率先将社会学的研究方法引入职业伦理教育领域，从社会学的视角研究分析教育问题和道德问题。他认为，职业伦理教育的最终目标是使每个人都变为"有道德的人"，主要内容包括纪律精神、对社会群体的依恋和自主精神。同时他还指出，进行伦理教育最理想的场所是学校。对职业伦理教育进行系统研究是在20世纪60、70年代之后，伴随着西方资本主义经济的迅速发展和环境污染、道德沦丧等社会问题的产生，研究职业伦理教育成了全球性的紧迫课题。1978年，米切尔·贝里的《职业伦理学》的问世标志着职业伦理教育研究科学化、系统化和规范化的开始。此后，德国、美国、加拿大、澳大利亚等国的职业教育与研究机构竞相开展职业伦理的相关研究和实践。西方职业伦理教育呈现以下四种研究态势。

1. 充分肯定职业伦理对个体、组织和社会发展的意义

从宏观视角的研究成果《职业伦理学》，到学科专业角度的《法律伦理学》《医学伦理学》《企业伦理学》《行政伦理学》《教育伦理学》《信息伦理学》《营销伦理学》等具体领域的研究，都会在论著的前言中提出：任何职业要取得成功，都必须适当地履行相应职责，了解职业角色的社会义务和道德责任，这对个人、职业、组织还有整个社会都有所帮助。目前代表著作包括《企业伦理学基础》《商业伦理——伦理决策

① ［法］爱弥尔·涂尔干：《职业伦理与公民道德》，10页，上海，上海人民出版社，2006。

② 尹曦：《论涂尔干的职业伦理与法团的现实困境》，载《江苏社会科学》，2007(S1)。

与案例》《商务伦理与会计职业道德》《工程、伦理与环境》等。

2. 积极借鉴和推广当代西方道德教育理论模式

道德教育理论模式如认知道德模式、价值分析模式、社会行动模式、体谅模式、评价过程和澄清模式等，在职业伦理教育领域得到了广泛借鉴和推广。目前，在美国大学专业伦理教育、企业伦理培训的实践过程中，科尔伯格的道德认知发展理论是占主导地位的职业伦理教育模式。"根据科尔伯格的道德发展阶段模式，可以探讨改进组织中个人现有道德观的实际可能性，并进一步考虑是采用教育方式还是进修方式来区别提高道德敏感性的可能措施。"①

3. 不断反思和改进已有职业伦理教育教学模式

目前国外大学职业伦理教育采用开设专业伦理必修课或核心课程模式，课堂教学以案例教学、道德讨论为主，同时辅以校内讲座和校外专门实习。例如，法国的医学伦理教学分为理论和实践两个部分，其中理论部分包括本国、欧洲乃至世界的伦理学发展史、伦理与法学、社会经济与社会文化、卫生经济与社会文化、卫生经济学、伦理学发展回顾等专题研究；实践部分则组织学生到医院参加医学伦理学临床实习，教学方式有临床敏感伦理问题讲授、临床教学讨论、学生反思与讨论作业等②。围绕着伦理教育的目标、内容和方法，西方职业伦理教育研究的专家和学者进行了广泛研究。

4. 职业伦理教育与企业文化建设研究日益受到重视

美国职业成功学家詹姆斯·H. 罗宾斯创造性地将马克斯·韦伯的理论运用于美国职业精神和员工培训，提出了一系列敬业精神训练的措施：要明确自己的职业选择、制订个人的职业生涯规划表、财富计划及人生目标、训练自己的勤奋等，同时编制了一系列测评的量表。20 世纪 70 年代企业文化兴起后，职业伦理受到企业文化、专业伦理研究学者的关注。威廉·大内在《Z 理论——美国企业界怎样迎接日本的挑战》中提出，公司文化包括公司的价值观，管理文化的核心是使工人关心企业。库珀在《尽责的行政官：探索行政功能的伦理》中论述了伦理道德在公共服务中的作用和重要性，分析了日常管理中伦理决策的策略。

目前，西方职业伦理教育研究呈现综合化、多样化、信息化趋势，研究范围日渐扩大，研究内容重点体现在影响职业伦理发展的因素、职业伦理的课程开发与设置、职业伦理有效教育方法、职业伦理与个体发展的关系等。同时应该指出，由于西方宗教文化的背景，落实到教育层面的职业精神培育通常是基于职业伦理的讨论与研究，至于职业精神则被认为是上帝的旨意和个人的信仰。

---

① ［德］霍尔斯特·施泰因曼、阿尔伯特·勒尔：《企业伦理学基础》，131 页，上海，上海社会科学出版社，2001。

② 何光辉：《职业伦理教育有效模式研究》，博士学位论文，华东师范大学，2007。

三、研究现状启示

通过对以"职业教育人才培育""职业精神""职业精神培育"等为主题的研究成果的分析，国内外学界对职业教育人才培养的关注已经逐渐达成共识：现代职业人不仅应具备职业所要求的技术知识和能力，同时还必须具有与职业相适应的职业品质，而如何实现二者的有机融合则成为未来研究的趋势。综合目前已有思想资源对本研究的启发性至少体现在以下两个方面。

一是西方社会关于职业的"天职"高度的解读，以及我国学者对职业精神的相近概念如敬业精神、职业道德、职业伦理等的论述，开拓了本研究对职业精神的内涵诠释和职业精神对个体生命意义的研究思路。

二是职业伦理教育、职业道德教育、人文素质教育等相关方面的研究成果，为本研究的深入开展提供了有价值的经验，尤其是国内外关于具体职业领域的职业精神的相关研究，丰富了本研究的事实资料。

虽然国内外学界对职业精神及其职业精神培育展开了一系列探讨和研究，上述有价值的研究成果为本研究提供了丰富的信息，开阔了进一步研究的思路，但这一主题的研究成果目前更多地集中于社会的部分职业领域，如律师、新闻、医学、工程、会计、教师等，而针对生产一线的技术、管理职业群体的职业精神的关注较少。从教育视角看，基于"职业精神培育"的研究比较零散，研究基础也相对薄弱，至少仍存在以下几个方面的研究缺陷。

一是缺乏对职业精神内涵的全面、系统、科学的分析。目前学界对于职业精神的关注与其理论成果的贫乏形成鲜明的反差，现有的理论成果更多的是与职业伦理、职业道德混淆在一起，关于职业精神的命题往往停留在职业伦理道德层面的讨论上。当然，关于职业精神的研究应该涉及道德的约束与规范，但这绝不是精神命题的全部。造成这种研究现状的最根本的问题是学界对职业精神内涵的把握缺乏理论的贯彻性，没有深入探究职业精神质的规定性，对"职业"内涵的时代流变关注也不够，造成职业精神理论上的一些模糊认识，使得研究缺少学术对话的逻辑起点。因此，关于职业精神的内涵、结构、功能等基本问题的厘清，是深入研究的前提和基础。

二是缺乏对职业精神培育的理论建构。已有研究成果表明，职业院校对职业精神的培育一方面是依托于传统的道德教育，实现的途径是开设生涯规划、文明礼仪、心理健康等方面的人文基础课程，并通过加学时来强调职业教育对学生人文素质培养的重视；另一方面是建构校企合作的职业道德教学模式，在就业教育的指导理念下，帮助职业院校的德育走出现实边缘化的窘境。而对于以"职业精神"为主题的职业院校人才培养过程的理论研究鲜有关注。因此，如何结合职业教育的教育类型特色，构建从教育理念到教育过程中课程、教学、师生关系等方面的职业精神培育理论，是职业教育开展职业精神培育的理论前提。

三是缺乏对职业精神培育现状的实证研究。关于职业院校职业精神培育现状的研究成果更多的是关于某一院校、某一类专业的实践经验介绍，或者是关于职业精神培育的某方面的影响因素的建议方案，而采用规范的实证研究对我国职业院校职业精神培育的现状进行研究的成果尚属少见，当然这与职业精神培育理论研究的不完善息息相关，因为实证研究的开展需要在理论建构的分析框架内进行。通过建构职业精神培育理论，设计调查问卷和访谈提纲，结合文献内容分析，了解目前我国职业院校职业精神培育的现状，并剖析现状背后的深层原因，从而提出真正行之有效的职业院校职业精神培育模式，这是本研究的重要内容。

第三节　职业精神培育研究内容及其逻辑

本书遵循"文献分析—理论构建—现状调查—实践重构"的行文脉络，紧紧围绕"如何培育职业院校学生职业精神"的研究问题，首先纵观国内外经济发展的格局，立足于精神文明在现时代呈现出的过渡性与不成熟性的生存境遇，反观我国职业教育的发展现实，思考其在应对时代挑战时应该做出的重要选择，阐明"为什么要培育职业精神"，即职业精神培育的重要性与必要性问题。职业院校要培育学生的职业精神，则"职业精神是什么"是研究的逻辑起点。第二章通过阐明职业内涵及其属性，考察职业精神与职业之间的各种相互作用，从而探讨职业精神的实质，把握职业精神的内涵，并通过对职业精神的结构分析，揭示职业精神构成要素的特点及要素间的相互关系。在界定和厘清职业精神内涵的基础上，"职业精神的培育主体"，尤其是现代职业精神培育的教育选择，成为本研究找寻学校教育与职业精神培育之间契合点的前提和基础。第三章主要从历史的视角，梳理了职业精神传承的途径及形式，明确了学校教育是现代职业精神传承的基本途径，而行业企业参与则是有效传承的重要举措。第四章基于对职业精神内涵的界定及其职业精神培育主体的明晰，结合高等职业教育的教育类型特色，在培育理念、内容及其方法、师生关系等方面探讨职业精神培育的过程，从而构建职业精神培育的理论模型，为"如何培育职业精神"奠定理论基础。根据职业精神的结构模型和职业精神培育的理论模型，第五章设计了访谈提纲和调查问卷，通过数据结果分析，了解目前我国高等职业院校学生职业精神的基本状态和职业精神培育的现状，发现问题并探究原因。第六章结合现状调查的分析结果，展开对职业精神教育理想在实践中教育尝试的探索，基于主题人文活动与专题实习实训活动的互补融通，设计职业精神培育模式的实践范例。

一、具体研究内容

（一）职业精神质的规定性

通过阐明职业内涵及其属性，考察职业精神与职业之间的各种相互作用，从而探讨职业精神的实质，把握职业精神的内涵；通过对职业精神要素结构的分析，揭示职业精神组成要素的特点及要素间的相互关系，构建职业精神的结构模型。明晰职业与职业精神的内涵是本书研究和创新的逻辑起点。

(二)职业精神传承

谁是职业精神培育的主体？在界定和厘清职业精神内涵的基础上，必须揭示职业精神传承的途径及形式，从而为建立校企合作的职业精神培育主体奠定历史依据。从历史的视角探讨职业精神的传承，一方面阐明了职业精神在历史发展中所形成的传承机制；另一方面论述了现代职业精神传承的教育选择，明确了学校教育是现代职业精神传承的基本途径，而企业参与则是有效传承的重要举措。

(三)职业精神培育理论

基于对职业精神内涵和传承主体的把握，结合高等职业教育的教育类型特色，在培育理念、内容、方法、师生关系等方面探讨职业精神培育的过程，从而构建职业精神培育理论，包括确立"人事合一"的职业精神培育理念、构建基于工作世界的"活动—体验"的职业精神培育模式和强化职业精神培育的师生互动效应三个方面。

(四)职业精神培育现状

依据职业精神的结构模型和职业精神培育理论，设计访谈提纲和调查问卷，通过数据结果分析，了解高等职业院校学生职业精神的基本状态和职业精神培育的现状，发现问题并分析原因。

(五)职业精神培育实践

结合对高等职业院校学生职业精神及其培育现状调查的分析结果，展开对职业精神教育理想在实践中的探索，设计了"职业叙事"和"职业角色体验"的主题人文活动与专题实习实训活动互补融通的职业精神培育范例。

二、研究内容基本逻辑

(一)具体研究与总体研究之间的内在逻辑关系

上述五部分内容与总体研究目标之间的内在逻辑关系体现在三个方面。第一，第二、第三、第四章是基础理论研究。通过对职业精神内涵的解读（第二章）和现代职业精神传承主体的明晰（第三章），结合高等职业教育的教育类型特色，构建职业精神培育理论（第四章），形成研究的基本理论框架，构成研究的理论假设。第二，第五章为研究假设提供经验事实。通过实证研究，保证高等职业院校学生职业精神培育经验事实依据的可靠性和合理性。第三，第六章在证实研究理论框架可靠性的基础上，拓展研究视野，进一步探究行之有效的职业院校职业精神实践范例，如图1-1所示。

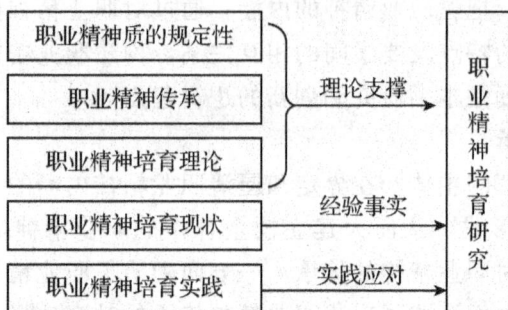

图 1-1　具体研究与总体研究之间的内在逻辑关系

(二)具体研究之间的内在逻辑关系

本书第二章至第六章部分内容相互之间的内在逻辑关系体现在四个方面,如图 1-2 所示。首先,第二章和第三章的研究为第四章研究提供逻辑前提。第二章中现代职业精神的内涵界定,尤其是关于现代职业精神要素结构的厘清,为第四章构建职业精神培育理论奠定了概念前提;第三章职业精神传承途径及形式的揭示,则为校企合作的职业精神培育主体确立了历史依据。其次,第四章具有"承上启下"的意义。在"承上"方面,试图将第二章、第三章的基本思想应用到本章中来。概括地说,第二章、第三章的基本思想主要体现在"职业精神培育是在活动中的内化过程""职业精神培育需要具备适切的教育条件"等方面,本章内容实质上就是依据上述基本理念,展开对职业院校学生职业精神培育的理论建构过程。在"启下"方面,第五章对高等职业院校学生职业精神培育的现状透视的实证研究,正是以职业精神培育理论为依据,设计访谈提纲和调查问卷,通过对访谈和问卷的分析归因,进而提出高等职业院校学生职业精神培育的实践策略。再次,第五章关于高等职业院校学生职业精神的实证研究为第四章的理论修正提供了经验事实,从而保证了高等职业院校职业精神培育的现实合理性和有效性。最后,第六章职业院校学生职业精神培育的实践范例设计,是在第四章和第五章的基础上,尝试通过实践范例的建设,完善职业精神培育理论,探究行之有效的职业精神培育实践模式。

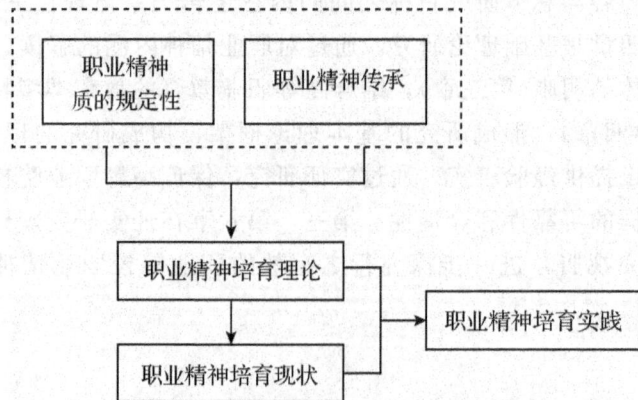

图 1-2　具体研究之间的内在逻辑关系

第二章

职业精神质的规定性

　　"职业"这个命题充满了人类生存的希望与挣扎，因为"人不仅生存着，而且知道自己生存着"[①]，人类以充分的意识研究自身生存的世界，并改变它以达到自己的目的，由此，人的生存过程总是在真实与谬误、灵性与愚昧、批判与迷恋的二律背反中呈现出丰富多彩性。人不可避免地要在自己创造的"职业"中生存，又无可奈何地陷入"职业的异化"，并在曲折中不断追寻一种超越"职业"的诗意栖居之境。职业精神正是伴随着人类追寻职业美好的历程而产生与发展，蕴含了人类在改造物质世界过程中被激发出的情感和意志，反映了职业群体或组织的价值追求，标志着人类文明传承和创造的理性成熟的境界。因此，职业精神源于职业，是人类自由意志在职业活动中充分体现的佐证，同时，它又是"个体存在的深层尺度"，人通过职业活动使人的各种可能性向人自身无限地敞开，不断摆脱"社会"束缚与"自我"束缚，从而实现自由地把握对象和把握自身。何谓职业？职业与个体、与社会及与人类真、善、美的进步，有何关联？"人之作为人的状况乃是一种精神状况"[②]，产生于职业的职业精神的内涵又是什么？它又是如何推动人类追寻职业美好的向往的？明晰职业与职业精神的内涵是本章探讨的主要问题。

---

　　① ［德］卡尔·雅斯贝斯：《时代的精神状况》，4 页，上海，上海译文出版社，2013。
　　② ［德］卡尔·雅斯贝斯：《时代的精神状况》，4 页，上海，上海译文出版社，2013。

第一节　职业的内涵及其属性

一、职业的内涵

职业是社会分工和劳动分工的产物。自从有了一定的社会分工和劳动分工之后，人们便长期从事某一种具有专门知识和特定职责的社会活动，并以此作为自己获得生活资料的主要来源，同时满足自身的精神需求，这就是所谓的职业。职业既是个体存在和发展的基本途径，又是人类社会存在和发展的最基本的社会组成形式。具体来说，关于职业内涵的解释，可以概括为以下三个层面。

(一)谋生的工作或劳动

职业是指以谋生为目的的工作或劳动，如《近代汉语大词典》将职业解释为用以养家糊口的工作[①]，《现代汉语辞海》将职业解释为个人在社会中从事的作为主要生活来源的工作[②]。除了上述对"职业"这一词条的"谋生"词义的解释之外，包括我国教育家黄炎培、蔡元培，文学家鲁迅、巴金等都指出以生存为目的的工作是职业的基本词义。例如，黄炎培把职业看作是"用劳力或劳心换取生活需求的日常工作"[③]，蔡元培提出"职业乃供青年谋生之所急也"，鲁迅认为读书的目的之一就是"谋取一份职业"，巴金则把作家界定为"一个工作岗位"等。我国古代典籍对职业的解释基本上也是语义解释。在古代，"职业"是各有所指的，"职"指职务、官事，如《考工记》按社会阶层将职务分为六种："王公""士大夫""百工""商旅""农夫"和"妇功"[④]；"业"即业务，指士、农、工、商所从事的工作。"职"和"业"合为"职业"，在古代典籍中的主要释义是指官职及"四民之业"。

(二)基于分工的社会角色

基于社会分工的职业内涵的解读，主要集中于"职业化"或"专业化"过程中，把社会角色看作职业活动的主体，把完成职业活动应具备的资格和素质看作职业的重要内容。例如，"职业"的英语单词有"vocation""profession""occupation"等表达方式，其中"vocation"曾专指以体力劳动为主的比较"低下"的职业或职位，包括农业、手工业、工业、商业等领域，并将从事这些劳动的人称为"职业人"；"profession"则含有"从事脑力劳动职业"的内涵，体现了职业的专业化特征，主要指受到社会尊敬的某些职业领域，如法律、医疗、教会及教育等，这些职业领域里的职业位置，

---

① 许少峰：《近代汉语大词典(下册)》，2397 页，北京，中华书局，2008。
② 《现代汉语辞海》编辑委员会：《现代汉语辞海》，1372 页，北京，中国书籍出版社，2003。
③ 黄炎培：《职业教育的基本理论纲要》，291 页，上海，上海教育出版社，1985。
④ 肖凤翔、所静：《职业及其对教育的规定性》，载《天津大学学报(社会科学版)》，2011(5)。

只有受过文化教育和某些专门知识训练的人才有可能获得，包括律师、医生、牧师、教师等社会声望较高、专业性很强的行业工作，如"学者被认为是人类的精英，他们是人类社会分工进行理智思考的人群，人类社会赋予他们崇高的使命，就是去理性地、正确地认识世界，为人类社会发展的利益最大化提供思想"①。在此意义上，职业活动决定着从业者的社会地位，职业的内涵蕴含了职业结构的发展和职业意识形态的显现，正如美国学者泰勒在《职业社会学》中指出，职业的社会概念，可以解释为一套成为模式的与特殊工作经验相关的人群关系，这种成为模式的工作关系的整合，成了一个人社会地位的一般表征。

(三)个体实现人生价值途径

从价值意义层面看，职业被视为履行社会责任、实现人生价值的载体。"职业是唯一能使个人才能和社会服务取得平衡的事情。一个人找到适宜做的事业并且获得实行的机会，这是幸福的关键。天下最可悲的事情，莫过于一个人不能发现一生真正的事业，或未能发现他已随波逐流或为环境所迫陷入了不合志趣的职业"②。因此，一份属于自己的职业是人追寻美好生活的关键。例如，我国教育家蔡元培认为，"人生之目的，为尽义务而来。每个人必有一定职务，必做一番事业，此谓之职业"③，他指出了职业是个体社会价值体现的重要途径。黄炎培在指出职业的"谋生"意义的基础上，进一步指出"职业外适于社会分工制度之需要，内应天生人类不齐才性之特征，不仅要求供需相济，而且要求才性相近，才能使事得人，使人得事""使百业效能赖以增进"，并使人"获得职业的乐趣"，体现了职业对于社会和个人的发展功能④。西方对"职业"价值的理解宣称为"上帝赞许的事，是得到救赎的途径之一""完成每个人在尘世上的地位所赋予他的义务"。无论在德语的 Beruf(职业、天职)一词中，以及或许更明确地在英语的 calling(职业、神召)一词中，都至少含有一个与宗教有关的概念：上帝安排的任务⑤。马克斯·韦伯高度评价将职业劳动看作每个人需承担的义务的观点，叔本华更是用"上帝给我们一具翅膀，就是让你来挑担子"的形象比喻，诠释了职业的责任意义。"天职"观念一直是影响西方社会职业精神的核心要素，被视为西方人的生命信仰。

综合职业三个层面的含义，虽然从职业本身来看，职业仅仅是谋生的手段，但人可以通过自身对职业的反应赋予其更高的意义。因此，对职业内涵的理解，只有具备了维持生计、承担社会角色和发挥人生价值这三个方面的意义，才能被称为职业。

①　[日]石原享一：《世界往何处去》，荐言，北京，世界知识出版社，2013。

②　[美]约翰·杜威：《民主主义与教育》，327 页，北京，人民教育出版社，1990。

③　梁柱：《论蔡元培的职业教育思想》，327 页，《教育研究》，2006(7)。

④　高奇：《中国教育史研究(现代分卷)》，101 页，上海，华东师范大学出版社，2009。

⑤　[德]马克斯·韦伯：《新教伦理与资本主义精神》，7 页，西安，陕西师范大学出版社，2006。

二、职业的属性

(一)技术性：个体职业生存的手段

原始文化中，从粗糙、不规则的"打制"石器过渡到光滑、匀称的"磨制"石器，从"食草木之食，鸟兽之肉，饮其血，茹其毛"(《礼记·礼运》)到"刀耕火种"的农业方式，从"未有麻丝，衣其羽皮"(《礼记·礼运》)到"嫘祖始教民育蚕，治丝茧以供衣服"(《通鉴纲目外记》)，从简单的石器、骨器、木器等工艺制作到复杂的制陶、纺织、房屋建筑、舟车制作等原始手工业，都体现了原始职业真、善、美完整朴素的统一及进化。但总的来说，在这种朴素的统一之上，人类职业的最初目的是族类的生存，如中国氏族社会的"陶公陶氏""绳工索氏""神农氏""釜工氏""巫氏""卜氏""屠氏"等，都以生活技艺为姓氏，原始职业与劳作性状紧密相连，目的就是运用劳动技艺更好地在恶劣的自然环境中找到生活的空间。在我国，职业分工的出现不会晚于距今 3000 年前的西周。如《考工记》记述了木工、金工、皮革、染色、刮摩、陶瓷六大类 30 个工种的内容。就工匠类，就有攻木之工七种，攻金之工六种，攻皮之工五种，设色之工五种、刮摩之工五种、抟埴之工二种，每一个工种都用从事这个工种所需要的技术来命名，并规定了相当具体的制作标准和规范。此外，从对能工巧匠的记载，如著名的木工能手鲁班，铸剑高手干将、镆铘等，也能看出技术是体现职业能力的根本标志。职业的历史发展在早期阶段，其进步正是以劳动技艺为基础，在此意义上，技术性可以看作职业的根本属性。

随着 16 世纪培根拉开了自然科学从哲学中逐一分离的序曲，而后牛顿力学的伟大胜利使技术与自然科学的结合成为一种时代的需求，现代科学技术的根本性变革，使职业分工的每一次规模的跨越性发展由可能变为现实，"在蒸汽机代替人类劳动发挥作用时，上百万农村劳动力转移到城市，在工厂里从事技术性职业；接着，在工厂实行自动化生产后，上百万蓝领工人换上衬衫，提高技能，成为白领队伍的一部分，供职于快速发展的服务行业；同样，在智能技术应用于服务行业，大规模取代人类劳动时，劳动大军又转移到关爱产业和体验领域，如医疗保健业、社会工作、娱乐业以及旅游业"[①]。现代职业随着高科技对人类社会生活产生的广泛而又深刻的影响，不断深化和拓展着人类的生存方式，不仅仅是获得物质生产资料从而维持生计，更重要的是人类在揭露和遮蔽生存意义的过程中，如何理性地认识和把握职业的技术属性。

(二)组织性：连接个体生活与社会秩序的纽带

随着技术的发展，以技术为动力的行业日益增多，职业逐渐从日常生活中分离。相传进入氏族公社后，掌握生产技术的人被推举为部落首领，在五帝时期以部落首领为代表的"职官"开始出现，夏商周时期培养"百工"的手工业组织开始萌芽。《考工记》记载，西周官府手工业有木工、金工、皮工、砖瓦陶瓷工以及着色装潢

---

① [美]杰里米·里夫金：《第三次工业革命》，279 页，北京，中信出版社，2012。

工、刮摩雕刻工等生产部门。西方古罗马时代出现了按照不同职业建立起来的各种行会组织，如铁匠、印染师、陶瓷工、雕刻师等行会组织。随着技术进步与层出不穷的工业部门的兴起，"社会内部的分工以及个人被相应地限制在特殊职业范围内的现象"日益普遍化，产生了作为"社会分工中的一定部门"的职业①。职业由此进入一种"群体组织"的社会生活，组织性成为职业的又一属性。

职业在很大程度上表征着社会的权力秩序、分配制度、身份认同、知识话语结构等，"假如你问今天受过教育的人们生活的理想是什么，他们之中的大多数人都会根据他们的职业经历或是职业群体所表现出的职业特征给你一个非常专业化的回答。这是有充分理由的"②。理由在于，职业可以说是连接个人生活与社会文明的枢纽。正因如此，人依托一定的职业组织实现了个人价值与社会价值的统一。在现代社会中，随着愈发分散式的合作方式的出现，人类的就业领域逐渐从市场、政府、非正规经济进入公民社会，公民社会日益成为重要的就业方式，"由于智能技术的应用，市场就业机会将持续减少；各国政府也在精简人员，在税收征管、兵役等诸多方面也引进了智能技术；非正规经济包括家庭生产、易货贸易也可能渐渐消失，传统经济体正在向高科技社会转变"③。被称为"第三部门"或"非政府组织"的公民社会内部组织由各种社会利益组成——宗教和文化组织、教育研究、医疗保健、社会服务、体育运动、环境团体、休闲娱乐活动和许多致力于创造社会文明纽带的倡议组织，未来现代职业人会越来越多地供职于公民社会的各种组织，创造社会资本，逐渐把自己融入一个共同体并积累信任，推动文明社会的建设，实现着人的内在价值和存在的意义。

（三）享用性：满足个体精神需要的载体

历史是一种"长期的不间断的耐心"④，在职业发展的历史中，这种"长期的不间断的耐心"是人类对于职业美好的不断追求，它来源于原始职业文明，经过复杂曲折的过程之后，最终必将回归表达人类内心的"自由"职业。事实证明，职业文明的不断进步，就是人类不断追求美好生活的"自由精神"在文明进程中能动上升的过程，这一过程不仅仅是丰衣足食，还是人类的精神意识与职业的生存性对话。因此，研究职业的属性，不能只关注技术进步和社会分工对职业发展的影响，更要关注人的存在价值和内在的精神追求，因为职业是人的存在价值的重要表达形式。同时，这种外在形式本身又是人的价值追求的产物，并且服务于人的存在价值。人在职业中体验到满足、快乐与幸福，获得一种精神上的享受，这是职业的享用属性，即人通过职业的体验，享用到职业的成就感、尊严感、自由感，由此通往真、善、美的美好生活，这才是好的职业，是人类真正追求的"自由职业"——"面朝大海，

---

① 肖宁灿：《马克思恩格斯职业社会学思想探微》，载《社会科学研究》，1991(3)。

② [德]格奥尔格·西美尔：《现代人与宗教》，30页，香港，汉语基督教文化研究所，1997。

③ [美]杰里米·里夫金：《第三次工业革命》，280页，北京，中信出版社，2012。

④ [法]米歇尔·福柯：《知识考古学》，14页，北京，生活·读书·新知三联书店，2003。

春暖花开"，人类梦想着、追寻着，不断地把理性的思索变成感性的生活。

职业的三重属性，体现着人的生存、交往以及自我实现的不同层次的需求。人与职业的关系从依附于职业的谋生功能，到迷恋于职业所能带来的物质权力，进而对职业施以控制，并逐渐把它排斥于精神和自然领域之外，这是人完全立足于自己的个人利益考虑职业的意义。这种摒弃精神和自然的职业主义严重破坏了人性的伦理和美学意义。结果是，几乎不关心精神和自然生态问题的傲慢和激进的人类中心主义，成了科学主义和现代主义不言自明的职业观。因此，只有把精神和自然的层面完全整合到新职业观中，职业的世界才能避免以牺牲人类对其自身的终极关怀为代价，才能避免只强调工具理性、经济发展、社会控制和专家统治给人类带来的威胁和毁灭。现代职业观必须摆脱现代主义思想方式，重新检讨人与人、人与自然、人与社会之间的关系，并以此作为人与职业关系创造性转化的前提。同时，人在发展职业认同的时候，不能仅仅认同一个当前社会流行的标准，最终还是要有一个超越的理念。

第二节　职业精神的实质

从社会分工和社会发展的角度看，职业精神是一个历史范畴，与人们的职业活动和职业发展密切相关，即职业精神是一种与职业活动紧密联系、具有自身特征的精神。因此，对于职业精神内涵的思考与研究，需要将其置于职业的视域下，从而发现职业对职业精神质的规定性。具体来说，就是从职业的三重属性探求职业精神的内涵实质，并通过职业精神对象化的行为特征来展现其具体的范围和内容。

一、职业对职业精神质的规定性

（一）表征人类利用技术改造物质世界的文明成果

职业实践活动不仅反映着人类认识和改造世界的能力，而且赋予了人类认识和改造自我的意识。人类物质文明与精神文明的发展统一在职业活动之中，使群体和个体在其中获得共同进步。因此，"作为职业精神的意义"，不仅是在人类的信仰中决定，更多的是在人类工具的形式中体现。现代职业精神的复杂性在于，除了传统意义上的真、善、美，技术已经渗透到精神思考的任何话语中。也就是说，人类已经置身于技术化的职业世界中，技术将会深深地影响人类精神思考的方向，包括思维方式、生活方式，乃至整个生产方式，都会随着技术的变化而变化[①]。这是人类直面当下生存困境对职业精神进行阐释和反思的基点。

---

① Ellul Jacques, *The Technological Society*. New York，Random House，1964，p. 14.

1. 人之技术生存的精神意蕴

对技术进行哲学反思，并非始于近代，直至 19 世纪，德国卡普的《技术哲学纲要》一书的发表，才标志着技术获得了作为一门社会科学的相关形式和存在的理由，由此对技术的研究从逻辑的进路拓展到历史和社会的，乃至扩展到政治的、权力的和文化的进路，人类对技术的认识也从把它仅仅看作脱离社会价值的静态的存在，演进到将其捕捉为生动的社会实践，承载着人类改造自然界所沉淀的精神印记。因此，对技术的理解，也不仅仅是将其局限于"科学的"范围内，而是对其作更为综合的判断，即将它理解为包括"物质的"和"精神的"在内的一切应用于生产实践的智慧。更准确地说，技术至少有两个维度：一是从技术的自然属性和工具属性来理解技术的本质；二是从生存论角度澄清技术的精神内涵。前者是现代社会所高度关注的。相形之下，后者往往被严重地忽视，"甚至很多人根本不知道技术还与精神有关"①。实质上，技术这一最实在的物质产品，从其产生之日起就具有一种精神的意义：它所展现的特点和灵魂是人类自我的一种创造和表达②。因此，在技术无处不在的当今时代，理解技术的精神意蕴，不仅仅是对工业文明已有的现代化方向、目标、价值的反思批判，更是人类自身对一种新的技术观和新的文明方式的自觉追求。

在古代，技术与精神体现了原始的和谐，技术制品体现了极丰富的艺术要素与文化要素，并且技术的表达与实现，完全融入了日常生活及其体现的价值观念的潜意识之中。因而，古代技术是人的一种在世方式，通过技术活动使人"存在于世界中"。在古代技术范式中，技术按照人的尺度和人性的要求创立和发展，蕴含着技术的工具理性和价值理性的统一。因此，古代的技术精神，表征着人类的生命形式与自然的原初形态之间的同一性，"它确立了人和万物的真理，即使人和万物成为其真正的样子的条件"③。然而，近现代技术的扩张打破了这种平衡的局面，工具理性与价值理性分裂，进而工具理性扩张，价值理性萎缩，工具理性僭越到价值理性领域，取代了价值理性的功能和地位。随着技术霸权话语的形成，技术的工具理性成了技术意识形态，而一旦技术成为意识形态，理性就走向了非理性，其结果是人类对于技术的依赖日益加深。美国学者戴维·埃伦费尔德通过对遗传工程、机器人、突变论、计量历史学等新兴学科的研究分析，深刻揭露了现代工业社会诸多"人道主义宗教"的荒谬。他指出，支撑人类技术崇拜信念的，是一种基于"患了欣快症"的"人道假设"："一切问题都是可以解决的""一切问题都是可以由人解决的"④。显然，如果说古代技术解蔽和建构视域，根本上是被动的，那么现代人乃

---

① 孟建伟：《技术的人文纬度》，载《哲学动态》，2002(5)。
② ［美］詹姆斯·W. 凯瑞：《作为文化的传播》，引言 8，北京，华夏出版社，2005。
③ ［美］赫伯特·马尔库塞：《单向度的人——发达工业社会意识形态研究》，4 页，上海，上海译文出版社，2014。
④ ［美］戴维·埃伦费尔德：《人道主义的僭妄》，14～15 页，北京，国际文化出版公司，1988。

主动地以技术去解蔽，这种主动的解蔽，在现代技术文化里，流行的是"脱离隐蔽的随机的邀请"，这些"无理的邀请"使得人之生存陷入了技术物化对人的奴役，这便是海德格尔所谓的"强索的解蔽"。现代技术"强索解蔽"的特征表明，现代技术精神的本质就是控制，人与自然只有在技术所规定的可能限度内展示自己的存在，人类要不断调整自身的存在以适应技术的发展，由此导致"一个由工具效率和认知专门化作标准"①的技术化生存时代。

从技术发展史来看，当代技术进入了一个反思的阶段，反思技术所带来的人类生存的风险性和不确定性。这种风险与不确定，是指市场的全球化扩张与当代技术的快速发展，一种在开端和结果上都不再属于人的控制范围的技术垄断正在兴起，它对人类的生存产生了普遍化和分解的多重作用，并通过技术系统的发展证明，技术已经冲破了精神信仰的樊篱，使人类生存的所有形式都屈从于技术至高无上的权威②。技术的这种存在方式的历时性变迁，既展示了自身内在逻辑的演化，又深刻反映了它与人类社会实践息息相关的互动关联。因此，当代技术的悖论本身早已预示着悖论有着自己的解决方式，即从它得以成立的基础——人的生存方式入手才能破解。可见，不能一味地反对技术，要批判的恰恰正是人本身，因为"技术只要是人工的（范围包括从简单的物品到整个复杂的系统），就是人以独特的方式开发和使用的，并且与人有关"，而且"技术不仅是人工的，它还按照一定的规范来使用和开发。人与技术的关系暗含了人的实践或行动"③。不仅如此，技术造成的问题如果只是仅仅以更新的技术来解决，人性自身则"不可避免地成为一种纯粹的技术性对象"④"人被技术化解为操作系统中微不足道的要素，人的人格、价值和主体性被吞噬"⑤，结果是人类的生存活力大大萎缩，而且导致自我与他人、人类与自然、现代与传统之间渐行渐远乃至疏离，这对于现代文明将带来不可逆转的、毁灭性的打击。因此，对技术形态的重构，关键的症结在于恢复人类生存更广泛的智慧与情感，自觉培养人类对人造物世界多样性的正确评价，同时重构一种新的技术进步观，恢复调动技术本身所赋予的反霸权特质，即人类用"人"的意义和人本身来引领技术的自我拯救，通过自身的行动建构起一个更适合人类生存发展需要的生活世界。

2. 职业精神是职业主体建构技术生存意义的能动反映

对于当代技术，人类最终要做的显然不是拒绝，因为放弃技术所导致的世界的终结和使用技术所导致的世界的终结在结果上没有多大差异，尽管前者仅仅是一种

---

① ［英］尼格尔·多德：《社会理论与现代性》，44 页，北京，社会科学文献出版社，2002。

② 曾鹰：《技术文化意义的合理性研究》，71 页，北京，光明日报出版社，2011。

③ 文静、薛栋：《技术哲学的"经验转向"与中国职业教育发展》，载《教育研究》，2013(8)。

④ ［荷兰］E·舒尔曼：《科技文明与人类未来——在哲学深层的挑战》，314 页，北京，东方出版社，1995。

⑤ 孙美堂：《文化价值论》，188 页，昆明，云南人民出版社，2005。

想象的可能性，而后者更有可能实现。可见，不能一味地反对技术，要批判的恰恰正是人本身。而面对文化多元的技术时代，企图建立一种新的技术形态和应对高技术的成熟的精神战略是不现实的，因此，当代职业精神的技术应以创新作为其存在方式和发展模式，应发展一种灵活机动的、可修正的、面向未来的、在构成人类社会主导性力量的技术与价值选择二者之间的关联互动中进行诠释的创新精神。

国际上对创新的研究起源于美籍奥地利经济学家约瑟夫·熊彼特提出的创新理论，他在其著作《经济发展理论》中首次提出"创新"概念。从约瑟夫·熊彼特提出创新的本义来看，创新指的是一种经济活动，是通过建立一种新的生产函数，在经济活动中引入新的方法以实现生产要素新的组合，强调市场的实现程度和获得商业利益的多寡。创新最初的意义表征着一种从知识形态转化为物质形态，从潜在的生产力转化为现实的生产力的技术能力。直至 20 世纪 80 年代，创新理论与制度创新结合起来，成为一种崭新的理论。诺贝尔经济学奖获得者道格拉斯·C. 诺斯将制度定义为"为人类设计的、构造着政治、经济和社会相互关系的一系列约束"，它由"非正式约束（道德约束力、禁忌、习惯、传统和行为准则）和正式的法规（宪法、法令、产权）所组成"[①]，制度创新的目的就是通过创设新的、更能有效激励人们行为的制度和约束体系来实现经济的持续发展和变革。因此，经济学家的创新理论，无论是技术创新，还是制度创新，往往习惯于从利润和绩效的获得来解释创新的原因，认为人的经济价值的提高是创新的基本动因[②]。然而，在实际创新过程中，影响创新的诸因素往往是相互影响、相互补充的，其中，人的生产实践活动的不断发展应该被视作最基本的变量。同时，生产实践活动的不确定性，使得创新理论不能只关注技术创新和制度创新的"事实"问题，因为创新活动是精神和物质统一的活动，它既是外在事物的构造活动，又是内在精神的提升活动，在对象化的创新活动中，人同时也创造了自我。从这个意义上说，不同形式的创新，在不同的话语体系下，应该对其更高意义上的精神统一性进行反思，即创新是人用自己的行动改变世界，建构起一个更适合人生存发展需要的生活世界（包括对象和自己）；创新建构着人的存在，见证着人之为人的真实。

通过对创新意义的完整理解，真正的创新是对于符合人性生活的构想和追求。因此，在职业实践活动中，不能仅仅停留于工具性的技术创新和制度创新，因为技术造成的问题如果只是仅仅以创新的技术和制度来解决，将形成恶性循环，唯有创新主体给无限制的技术发展划定一条界线，以不破坏社会及人类自身的发展为限度，才能利用技术的巨大潜力消除技术所导致的问题。只有当创新完成了将人、技术、制度内生于创新理论本身时，创新主体的创新成果才不再被理解为是被社会外部的某种规律所决定，而是从作为目的的人的内在素质出发，用人的意义和人本身来引领技术的自我拯救。这样一种创新精神，代表了一种现代之后的职业精神状

---

① 李兴耕，等：《当代国外经济学家论市场经济》，49 页，北京，中共中央党校出版社，1994。

② 方军：《制度伦理与制度创新》，载《中国社会科学》，1997(3)。

态，它不仅意味着对已有现代化创新价值的批判，也意味着对一种新的技术文明观的考量和一种新的职业精神的追求。

(二)体现专业群体或组织利益的精神信念

人类为了能够更有效地应对来自自然和其他同类群体的威胁，作为个体的人必须使自己归属于某一特定的群体或组织，并将自己的价值追求融入群体或组织的利益之中，通过建构一种维护该群体或组织利益的精神信念来整合并凝聚强大的群体力量，从而使群体或组织中的个体能够抵御威胁、实现发展[1]。因此，职业活动中的精神生活并不是纯粹的个人生活，职业个体的所思所行体现出群体或组织的特征和意志，最终影响群体或组织活动的效率甚至是整个行业的发展进程。

1. 普遍化和规范化：职业精神的组织特征

人类最初的职业精神基本上是一种个人精神，并不具有规范的特征和普遍的约束力。伴随着职业组织的发展，系统化和制度化的职业规范逐渐形成。在现代社会，职业分工日趋纷繁细微，职业精神早已褪去了早期的个人色彩，职业规范也日益成熟和完善。比如说，医生的基本职业精神是救死扶伤，教师的基本职业精神是教书育人，商人的基本职业精神是诚信经营等，各行各业都有体现自身职业特征的规范要求。这可以说是职业精神进化的一种典型形态或普遍规律。因此，对于现代职业活动而言，职业精神作为构成职业活动本身的有机组成部分，是挑选、淘汰、评价从业人员的标准和法则。职业活动的是非善恶，正是通过从业人员的道德承诺及其履行度加以权衡和评价的。此外，某一职业群体能否得到社会的承认和尊重，在很大程度上取决于该职业群体中的从业人员所体现出的职业素养和精神风貌。

2. 职业精神蕴含职业共同体的共同目标与身份认同

在西方传统思想中，共同体的意义自亚里士多德起即得到重视。在他的美德思想中，个体的善与共同体的善密不可分，人们在一个共同体中，对共同善的共同追求使人们获得了相应的利益或善[2]。共同体的英文是"community"，由拉丁文前缀"com"和伊特鲁亚语单词"munis"组成，词的本义也蕴含了"共同""承担"之意[3]。对于"共同体"的定义，学者们结合具体的语境会有不同的认识，但总体而言，"共同体"被赋予了"为了特定目的而聚合在一起的群体、组织或团队"[4]的含义。也就是说，共同体首先要有一个共同的目标。对于职业领域而言，原始意义上的共同体是基于"血缘"或"地缘"结合而成的生活共同体，其共同的目标是在自然中求生存。虽

---

① Michael McGhee(ed.), *Philosophy religion and Spiritual Life*, Cambridge, Cambridge University Press, 2002, p. 12.

② 龚群：《自由主义的自我观与社群主义的共同体观念》，载《世界哲学》，2007(5)。

③ 入江昭：《全球共同体：国际组织在当代世界形成中的角色》，译序，北京，社会科学文献出版社，2009。

④ Stoll L, "Professional Learning Community," International Encyclopedia of Education. Ed. Penelope Peterson, Eva Baker & Barry McGaw. 3rd ed. Oxford, United Kingdom: Academic Press, 2010, pp. 151-157.

然人类最初并不懂得群体规范的精神意义，而正是"有益于生存"的目标判断赋予了朦胧、混沌的原始职业意识所蕴含的"善"的要求。这种要求使人类在劳动生活过程中获得一套维持善良品行的秩序，通过"血缘"或"地缘"的关系源源不断地传授给刚刚进入共同体之中的每一个新人，并在传承过程中促成了关于"善"的职业精神的延续和发展。

伴随着社会的不断发展和新职业的不断涌现，现代意义上的职业共同体大多将成员利益作为共同体的主要联结机制，将具有共同目标的一群人称作利益共同体，它是形成共同体的基础，但不能等同于共同体，因为仅仅以追求利益为目标的共同体终究会随着利益的减少而消失或解体。实质上，现代意义上的职业共同体，是职业个体寻求独立和归属两个方向张力的产物①，要解决的是自我同一性、自我意义感和自我归属感的认同问题。简单来说，职业认同是对"我在职业中"自我身份的一种追问和确认，就职业共同体而言，是指职业个体对不同职业组织和不同职业文化传统的归属感。这种归属感来源于职业共同体"对一组共享的价值、规范和意义以及一个共享的历史和身份认同的一定程度的承诺"②，这份基于共同精神意识的认同感使职业个体在与共同体的关联互动中，不断生成对职业角色的理解和领悟，如对自我职业角色行为影响的判断与感受，对职业关系的处理与把握，对有效提升自身职业素养的自觉与主动等，在此意义上，职业共同体具有强烈的精神特质，是一个精神共同体，为聚合职业个体之间的职业认同以及个体职业精神的生成，提供了组织结构的硬件保障。

(三)反映个体精神世界的内容和层次

从个体存在价值角度看，职业精神不仅内在地影响着职业活动的性质和方向，而且反映并表现着个体精神世界的内容和层次。职业精神是"个体存在的深层尺度"③。

1. 满足个体存在精神需要

职业精神的发展与完善具有多方面的价值。从社会角度看，人对职业活动的积极认识，能够促进其对具体社会责任的文化自觉。这种文化自觉使从业者能动地服务于职业规范的应然要求，自主地为群体、组织和社会创造价值，从而提高整个社会的精神追求，推进社会发展与稳定。从个体角度看，它有利于个体与外部世界建立和谐的关系，从而保证个体的工作顺利进行；有利于发展与完善人的职业精神品质，满足人的一种内在精神需要。

---

① 张志旻，等：《共同体的界定、内涵及其生成——共同体研究综述》，载《科学学与科学技术管理》，2010(10)。

② 周濂：《政治社会、多元共同体与幸福生活》，载《华东师范大学学报(哲学社会科学)》，2009(5)。

③ B. K. Myers, *College Student and Spirituality.* New York and London, Routledge, 2007, p. 87.

实质上，职业精神本体意义的获得是人类社会发展的标志。在人类发展的初级阶段，物质生活的提高是职业活动的出发点和归宿，而精神追求往往仅仅是作为满足物质需要的手段。随着社会的发展，人类对于职业活动的精神需求，即对于创造、责任、合理、公正、工作价值的需要，以及对于做好工作的渴望等，逐渐独立于物质满足。这些"高级需要的满足能够引起更合意的主观效果，即使人更深刻地享用一种幸福感、宁静感，以及内心生活的丰富感"①，使人从真、善、美、优秀、正义、完美、次序、合法等更高价值的实现中获得满足，体验幸福②。

2. 体现个体存在精神境界

境界是经人"觉解"而形成的一种意义世界。所谓意义是与人的主体性即"觉解"密切相关的，"解是了解，觉是自觉。人做某事，了解某事是怎么一回事，此是了解，此是解；他于做某事时，自觉其是做某事，此是自觉，此是觉。"③也就是说，人在从事具体活动时，指向对象的理解与自我反省意识的统一，便是觉解。觉解作为人的存在之维，不同程度的觉解，展开为不同境界的意义世界。高尚意义的职业内核是"审美境界"，处于这种境界之中，人可以以一种审美心态去瞰视职业和人生，从中获得审美的愉悦。"审美境界"的实质是指向个体自身的终极关怀。按照冯友兰先生关于人生境界的四阶梯说，"审美境界"蕴含了建立在"自然境界""功利境界""道德境界"之上的最高境界"天地境界"之意义，它超越了语言的管辖和统治，把理性思考和感性生活完美地结合在一起。自然境界是一种感性享乐；功利境界是人在理性上回归感性享乐；道德境界是对前两个境界的制约；审美境界是人在最高层次上的享受，是找到了自我灵性世界的享受，是对自然界的否定之否定，它不在美丽的表象，而是潜藏在内心深处的更深刻的美④。然而，审美境界的享用是劳动创造的结果，所谓不劳而获的享受是不存在的。也就是说，现代人通过职业而对于美好生活的不断追寻的过程，是人的自然性和社会性的必然选择，其判断的标准是内心的自由和精神的愉悦。而丰衣足食、民主法制、生态自然、内心自由则成为具有高尚意义的职业的基本形态，全部职业精神的平衡点正是上述基本形态的一种"综合判断"，并且只有能够把人的天赋灵性带向现实的职业，只有具有向善的职业精神，它才具有审美愉悦的意义。实质上，职业的进步就是人的内心的改善。

二、职业精神对象化：敬业乐业

(一)敬业：职业生存的伦理审视

在中国伦理思想史上，"敬"字是古贤圣人教人做人最简易直接的要领。孔子把专心对待工作的态度称作"执事敬"，即尽心做好做成一件事，并提出"行己也恭，事上也敬""言忠信，行笃敬"的君子修身之道。朱熹的"主一无适便是敬"恰切地解

---

① ［美］马斯洛：《自我实现的人》，63页，北京，生活·读书·新知三联书店，1987。
② ［美］马斯洛：《自我实现的人》，117页，北京，生活·读书·新知三联书店，1987。
③ 冯友兰：《贞元六书》，525～526页，上海，华东师范大学出版社，1996。
④ 徐平利：《职业教育的历史逻辑和哲学基础》，3～4页，桂林，广西师范大学出版社，2010。

释了"敬"的内涵，主张凡做一件事，便忠于一件事，"不怠慢，不放荡之谓也""专心致志、以事其业"。先哲们对"敬"的解释蕴含着一种肃然的态度和精神状态，表现为行为专注一事而不随意，不仅体现为一种职业规范的约束，更是通过对"事"的态度完善做人之道。近代思想家梁启超在《敬业与乐业》一文中发问："业有什么好敬的呢？为什么要敬业？"他为此做了如下解释："其一，人类一面为生活而劳动，一面也是为劳动而生活，劳动、做事就是生命的一部分；其二，凡职业没有不是神圣的，所以凡职业没有不是可敬的"，所以"凡做一件事，便把这件事看作我的生命""做一种劳作做到圆满，便是天地间第一等人"，由此提出"敬业主义，于人生最为必要，又于人生最为有利"。① 通过上述"敬业"的诠释，可以看出"敬业"不仅体现个体对待职业的态度，而且更是个体完善自我、实现超越的必需路径。

在近代西方，通过宗教改革，新教将"敬业"视为人的天职，职业"必须是被当作一种绝对的自身目的来从事"②。虽然新教提倡以禁欲、以持之以恒的行善、以忠于职守的"敬业"来履行天职，其最终结果是增添上帝的荣耀，然而，正是这种新教伦理，使得从业者在履行天职的过程中自觉做到合法合德、克勤克俭、顽强奋斗、讲求信用、提供优质服务等。他们在"非常愿意劳动"的理性自我约束下过着极为虔敬的生活，而正是这种"虔诚的实践"成就了资本主义的精神气质，推动了西方资本主义经济的发展③。"让职业成为信仰层面的事情"，这一认识是西方学者理论的中心主题。例如，康德认为，"对职责的敬重"是"唯一真正的道德情感""这是从道德上塑造心灵的唯一的表述方式，因为只有它才能营造坚固并精确规定的原理"④。也正是在这一意义上，康德心目中的"敬重"是这样的冷峻——"既不期求来自主观意图的表彰，也不以直接造福于人而自许。它们对此都漠然置之，无动于衷。……如此的思想方式就是尊严，它无限地凌驾于一切价值之上，这价值若妄想与它相比较，总难免侮辱它的圣洁。"⑤康德认为，人应当是自己行为的立法者，就是根据义务要求来强制自己履行义务，"你的行动，应该把行为准则通过你的意志变为普遍的自然规律。"⑥相应于此，马克斯·韦伯则会说："对职业责任的敬重，这是对人本身的敬重，是把自己当作一个具有独立人格的主体来要求、以自愿地承担起职业责任来确证人是一种值得敬重的存在。"

现代社会，关于"敬业"的概念，虽有不同理解的视角，但总体上来说，"敬业"的内涵承载了两个方面的意义：一是蕴含了职业主体强烈的主观愿望和明确的价值

---

① 梁启超：《饮冰室文集点校（第一卷）》，3～4页，16页，昆明，云南教育出版社，2001。

② ［德］马克斯·韦伯：《新教伦理与资本主义精神》，21页，西安，陕西师范大学出版社，2006。

③ ［德］马克斯·韦伯：《新教伦理与资本主义精神》，21页，西安，陕西师范大学出版社，2006。

④ ［德］康德：《实践理性批判》，93页，北京，商务印书馆，1999。

⑤ ［德］康德：《道德形而上学原理》，88页，上海，上海人民出版社，1986。

⑥ ［德］康德：《道德形而上学原理》，73页，上海，上海人民出版社，1986。

取向，即从业者不仅将个人能力投入职业角色行为中，而且在这个角色中展示和表达自我，实现个人追求和理想；二是"敬业"体现为一种社会道德规范，集中反映着一定的社会文化精神在职业道德领域里的客观要求，蕴含着一种社会价值，表现出了一个群体的素质和智慧。面对当前人类的生存危机，如何理解"敬业"的境界，如何重塑"敬业"的内在精神，是对"敬业"主体意义和社会价值的伦理关怀，更是通过主体对职业的内在之"敬"，引领社会持续健康发展的实践之径。

（二）乐业：职业生存的审美关照

乐业之"乐"至少包含两个方面的含义：一是情感的愉悦；二是审美的境界。"乐"是一种情绪感受，情感的特性关乎人的灵性，而每个人的灵性都有其独特性，它让每一个人可以独立而快乐地生存于社会，比如我有绘画的灵性，我能在绘画上取得成功并获得快乐；你有数理逻辑方面的灵性，你可以在数理方面取得成功并获得快乐；他有动手制造方面的灵性，他就能在制造业方面取得成功并获得快乐……无论什么职业，只有与从业者的兴趣相投，才能够激发出从业者的激情和潜能，才能使从业者将职业融入自我生命，在创造美好职业的过程中享受快乐的感觉。正如孔子所说，"知之者不如好之者，好之者不如乐之者"。因此，乐业之"乐"的出发点，必须是某种独特情感的个人体验，它来自人的精神世界，是内心自由的象征。而这份自我灵性世界的情感愉悦享受，正是超越了外界的道德约束、升华了康德所说的"意志自律"的审美境界。实质上，职业作为劳动的载体，其独特价值和最后目的就在于它是个体生命体验与个性情感的表达形式，每个个体都可以在表达的过程中"依照美的尺度来生产"，获得内心的审美体验。

虽然"乐业"的存在状态首先是人的个性化存在，表现为一个人的天赋才能或者灵性与某种职业在认知结构上的契合，但是职业的创造过程只有把人的天赋灵性带向现实，而且具有向善的职业伦理，它才具有臻美的意义。从历史实践看，人类一面通过职业劳动创造了美好的生活，使所有人的劳动空间和享受空间都相对获得了很大自由；另一面又总是不满足于现状，不停地创造着未来，期待一种无需劳动而只需享受的"更快乐"的生活。然而现实却是，经济的繁荣、财富的增长、技术的更新使得"要享受工作过程"的人类无可奈何地陷入了自己所批判的异化之中。贪欲的扩张与扩张的限制、不想劳动的享受与创造享受的劳动，生活在当下生存空间的人类，似乎并没有从解决享受与劳动的关系问题中找到诗意栖居之境。相反，职业枯竭与厌倦的痛苦成为一种生活常态，"劳动者只有在劳动之外才感到自由自在，而在劳动之内感到怅然若失。劳动者在他不劳动时如释重负，而当他劳动时则如坐针毡"。① 因此，以内心自由和精神愉悦为判断标准的"乐业"状态，是人类在对真正的自由理解的基础上，满足包括真知求索、德性涵养、心绪表达、才能施展、理想追寻等人性的内在需求。而人类真正的自由可以归结为在一个普遍理性的层面上驾

---

① ［德］马克思：《1844 年经济学哲学手稿》，31 页，北京，人民出版社，2000。

驭欲望，当然也包含满足欲望，但跟动物的满足欲望不一样，它不是临时性的满足，而是在一种普遍理性的层面上，有计划、有步骤地驾驭人的欲望，规划人的欲望，并且通过克制欲望而更大地满足欲望①，所谓普遍理性实质上就是意味着人类对自身的终极关怀。

（三）敬业乐业：职业精神对象化的行为特征

职业精神是一种从内在尺度把握职业世界的能力，不仅表现在对职业价值的综合判断，更主要表现在职业价值世界的构建，其构建的过程就是通过人不断的职业活动，即主体职业精神的对象化、外化的活动，创造一个更善更美的外部世界。同时，主体从由自己参与创造的职业世界中获得自由和幸福。就其现实形态而言，职业精神的生成无法离开"成人"与"成事"的过程，这不仅在于精神生成以"成人"与"成事"为指向，而且表现在它本身形成于"人事合一"的过程。从职业的视域看，"成事"的过程首先表现为从业者作为实践主体意义上的对待职业的行为特征，而"敬业乐业"则是这一行为特征的典型形态，其过程为职业精神发展从潜在的多种可能状态向现实发展的转化提供了可能的条件。因此，"敬业乐业"的意义不仅仅体现为人按照预定的目的，通过各种中介把握职业世界的人的本质力量对象化的呈现，更重要的是人在确证其本质力量对象化的相互作用中，表现为价值目的意义上的德性主体。也就是说，主体通过"敬业乐业"的职业行为，在职业世界精神意义的引领中，获得生命意义的领会与生命境界的提升。

第三节　职业精神结构及其功能

一、职业精神的结构

职业精神是与职业活动紧密联系的一种实践精神。这种实践精神作为一种特殊的意识是直接指向职业实践的一种意识，其结构主要包括职业理想、职业情感意志和职业责任意识三部分。其中职业理想又包括职业志趣和职业价值认同，职业情感意志包括职业情感和职业意志，职业责任意识包括职业规范意识和职业行为意向等内容。职业精神的结构具体如图 2-1 所示。从总体上看，职业精神的结构进一步具化了职业精神的内涵，即抽象的职业精神概念通过结构分析，具体表现为对职业的热爱、立志、进取、奉献、专注、忠诚、自制、坚持、诚信、协作、勤奋、创新的精神状态及行为风貌。

---

① 邓晓芒：《什么是自由》，载《哲学研究》，2012(7)。

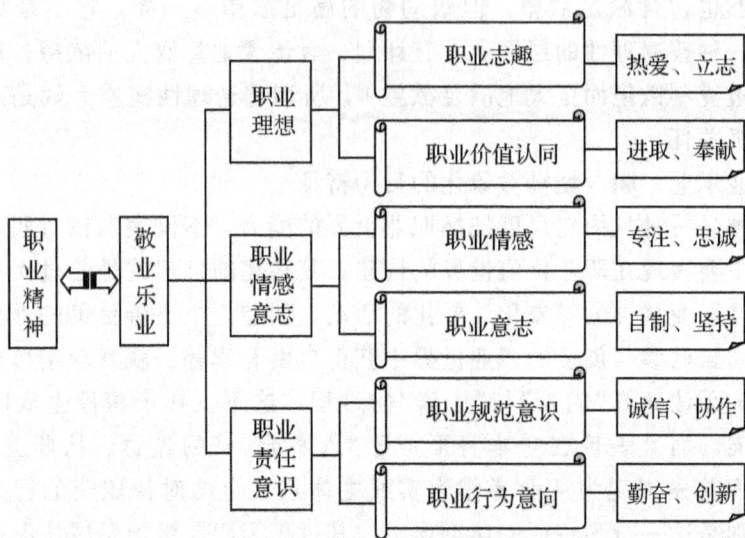

图 2-1 职业精神的构成要素

（一）职业精神的构成要素

1. 职业理想

职业理想是个人关于职业规划和自我发展的超越性的价值观念体系，其形成意味着一个人人生价值和生命意义的前提和基础的确立[①]。职业理想作为一种价值理想目标，其确立不仅要尊重个体的职业志趣，更要追寻职业的价值和意义，形成对职业使命的高度自觉。

（1）职业志趣：热爱与立志

职业志趣是指一个人对某职业充满兴趣、热爱并立志从事某个职业，是影响职业理想确立的首要因素。

首先，热爱是形成职业志趣的前提。热爱是指超越常规认识的兴趣和爱好，并与个人的禀赋灵性交织在一起的长期、稳定的情感。因此，热爱一项职业主要体现在两个方面：一是个人天赋适合从事某个职业，从事这个职业最能激发一个人的潜能；二是对从事的职业清楚了解和充满敬重。也就是说，对职业的热爱源于对自我的认知和对职业的理解。对自我的认知意味着在现实的职业生活中，个人不是随心所欲地盲目选择和毫无计划地即兴而为，因为"如果错误地估计了自己，以为能够胜任经过较为仔细地考虑而选定的职业，那么这种错误将使我们受到惩罚。即使不受到外界的指责，我们也会感到比外界指责更为可怕的痛苦。"[②]对职业的理解则意味着对所从事职业的全面了解，发自内心地同意选择这种职业，并确证自己的热爱不是一种错误。

[①] 蒋楼：《马克思的职业理想及其对当代中国青年的启示》，载《桂海论坛》，2012(5)。

[②] 《马克思恩格斯全集(第一卷)》，458 页，北京，人民出版社，1995。

其次，立志是坚定职业志趣的保障。立志"为人类工作"是马克思职业理想的核心价值和理论内核。马克思在《青年选择职业时的考虑》中指出："在选择职业时，我们应该遵守的主要指针是人类的幸福和自身的完美"①。如果我们选择了有益于人类进步的自己热爱的职业，并愿意为之奋斗终生，那么所享受的绝不仅仅是有限的工作乐趣，而是一种洋溢于心灵中的创造的欢欣，促使人在真、善、美的永远追求中坚定前行，从而使人生沐浴着自由、欢娱和幸福的光辉。正是这种深刻的生命体验让立志高远的个体坚持和践履崇高的职业理想，形成职业的深层职业志趣。

（2）职业价值认同：进取与奉献

对职业价值的高度认同是树立"为人类工作"远大志向的重要前提。这包含两个层次的认识问题：一方面是普遍意义上的职业对主体的人生意义与价值，以及对职业的一般社会价值的认识；另一方面是职业人对自己所从事的具体职业的价值与意义认同②。前者是个体对待职业劳动的一个普遍的认识前提，后者则是职业人对自身所从事的职业的认同问题。在此主要从职业对人生和社会的普遍价值这一层面分析职业价值认同的意蕴。

职业活动是人实现自我人生价值和社会价值的主要途径。所谓职业价值认同是指个体对职业的个体价值和社会价值的认识，与社会对该职业的评价及期望一致，在职业活动中主要体现为两方面的意识自觉。首先，进取是主体对职业个体价值认同的意识自觉。职业生活是现代人的生活核心，凝聚了家庭不能比拟的社会资源，提供了个体施展才华、实现抱负的人生平台，职业由此成为个体实现生命价值的重要载体。以一种进取的心态迎接职业的挑战，意味着一个人超越平庸、追求卓越的信心和决心，是个体对职业实现自我价值认同的积极回应。其次，奉献是主体对职业社会价值认同的意识自觉。职业活动不仅使主体满足谋生的需求，服务社会则是职业的更高的本质和目的。社会价值与个人价值相统一，大我与小我相一致是马克思职业理想的核心价值取向。实质上，社会价值和个人价值是具有内在一致性的一个问题的不同方面，"不应认为，这两种价值会彼此敌对、互相冲突，一种价值必定消灭另一种价值；相反，人的本性是这样的：人只有为同时代人的完美和幸福而工作，自己才能达到完美。如果一个人只为自己劳动，他也许能够成为著名的学者、伟大的哲人、卓越的诗人，然而他永远不能成为完美的、真正伟大的人物。"③奉献精神是对自己事业的不求回报的爱和全身心的付出，因为奉献，社会的物质财富和精神财富才会不断增加，人类才会不断前进。奉献者将自己的职业活动与自己整个的人生价值联系起来，并自觉认同职业是实现其人生价值与社会价值的基本途径，这是树立正确、合理、高尚、伟大的职业理想的先决条件。

---

① 《马克思恩格斯全集（第一卷）》，459 页，北京，人民出版社，1995。
② 肖群忠：《敬业精神新论》，载《燕山大学学报（哲学社会科学版）》，2009(2)。
③ 《马克思恩格斯全集（第一卷）》，459 页，北京，人民出版社，1995。

2. 职业情感意志

（1）职业情感：专注与忠诚

职业情感是个体对职业是否满足自己的需要而具有的稳定的态度体验，体现了对职业规范要求在情绪上的认同、共鸣，对职业理想、信仰构建的向往之情。它们可能表现为积极的、肯定的情绪反应，如职业成就感、尊严感和自由感；也可以表现为否定性的，但同样是积极的情绪反应，如内疚感、羞愧感等。但无论哪一种情绪反应都以当下或者未来出现满足、愉快、安心等自我肯定的情绪体验作为精神报偿。职业情感的培养和发展是职业精神发展的主要内容。

首先，专注于自己热爱的职业。如前所述，人最好选择与自己的职业志趣相符合的职业，这样才会长期保持对职业活动的兴趣与热爱，并愿意为之全情投入、一生奋斗。人一旦选择了挚爱的职业，能否排除干扰、拒绝浮华、心神专一地钟情于职业本身，是职业能否成就事业和人生的重要条件。综观事业有成者，无论才智高低，无论从事哪一种行业，几乎都有一个共同的特点，那就是，他们都喜爱自己所做的事，并能在自己最热爱的事情上专注工作。同时，专注所带来的内心宁静感、成就感也会使人感到职业生活的幸福，从而更加激发人对职业的热爱，更加专注某一职业作为毕生奋斗的事业。

其次，忠诚于正在从事的职业。现实生活中，由于主观的个人经验、能力，客观的经济条件等方面的原因，很多人并不能一开始就"我选择工作"，只能是"工作选择我"。但是，一个人如果能够以虔敬的心态对待每一份正在从事的工作，实际上就是为自己心中梦想的更加美好的职业奠定基础。而且，随着职业经验的丰富，一个人更能清楚地认知自我，并在不断的职业实践中逐渐发现和培养真正属于自我的职业兴趣。因此，人不仅要具有"爱一行、干一行"的对职业专注的情感，更要保持一份"干一行、爱一行"的对职业的忠诚之情，不仅干自己爱干的职业，而且能把职业当作兴趣去干、去爱。

（2）职业意志：自制与坚持

职业意志是人自觉地确定目的，有意识地根据职业目的调节自己的思想、情绪及行为，克服困难实现目的的心理过程和精神品质。职业意志在职业生存和发展中发挥着巨大的作用。我们利用职业意志把自己的思想、情绪、行为调整集中到我们必须实行的职业目的上面，并抑制那些不利于职业目的的实现的各种欲望、动机、思想、情绪、行为，使我们的思想、情绪、行为表现出鲜明的目的性、自觉性，表现出为实现职业目的所必需的果断性、自制性和坚韧性。

首先，自制是坚定职业目的的前提。自制是指人能够自觉地控制自己的情绪和行动，既表现在善于激励自我勇敢地去执行采取的决定，又表现在善于抑制那些不符合既定目的的愿望、动机、行为和情绪。自制包括一个人在职业活动中面对诱惑的掌控力、面对挫折的耐受力等，是职业人应该具备的重要的职业品质。尤其是

"随着对象性的现实到处成为人的本质力量的现实"①时，人类"那种想要认识一切的骄傲，以及把自己看作世界的主人从而想要按照自己的意愿塑造世界的妄自尊大"②，使得现代职业人需要更加理性地反思有限的资源与无限的欲望和经济利益之间的矛盾，需要自觉地依据共同的、普遍的价值体系作为其职业实践的根据。"要只按照你同时认为也能成为普遍规律的准则去行动"，这是康德著名的关于自由意志的普遍性公式，也是上述关于自制的职业品质的核心要义。

其次，坚持是实现职业目的的关键。职业意志不仅要求一个人要有自制力，还要有一股锲而不舍、坚持不懈，向着更高目标前进的职业干劲。坚持意味着主体在职业活动中秉持一种有恒精神和善始善终的意识，不仅了解自己的目标，而且知道在通向这个目标的过程中，各阶段应该干什么，始终坚持"不放弃、不抛弃"的实干精神。任何事业的成功，都得益于这种锲而不舍的坚持精神，只有那些不畏艰险的人最后才能到达事业的高峰。因此，坚持的意志品质不仅是职业者的特质，也是成功人士普遍具有的特点。

3. 职业责任意识

职业责任是指职业人对社会和他人所必须承担的职责和义务。它通过职业规范的章程或条款来规定，要求从业者将职业看作是人生必须履行的使命，并承担相应行为的后果。职业责任意识的发展是职业责任生成所追求的内在目标。职业责任意识的具体形式和内容随个体职业角色的变化而不同，也随着个体对主客关系认识的变化而不同，主要包括与职业角色相对应的规范意识和个体对所从事职业应该履行的责任高度认同的行为意向。在人的职业生涯发展中，职业责任意识不断从低水平的模糊状态向高度理性和自觉发展。

（1）职业规范意识：诚信与协作

职业规范意识与人的职业责任感的强弱直接相关，每一种职业实际上都要求与之相适合的职业规范。职业规范作为一种调节从业人员职业意识和行为的规范，是依据从业人员在职业活动中的具体行为状况而制定的，对应的是从业人员的现实行为③。职业规范通过外在约束力量的引导，调动从业者对职业规范所蕴含的精神意义的认知和服从，这既体现了社会和职场规则对从业者行为的约束力，也充分体现了职业精神的实践特性。职业规范意识虽然在诸多情况下表现为对外在要求的响应，但是这种响应成为一种自觉时，它就不是强制的，而是自由自觉、自主自律的，这种自觉是职业个体在成长过程中不断在职业活动的规约中内化社会要求的过程，是自主和自为的过程，是动态和开放的职业责任观不断发展的过程。因此，恪尽职守的职业规范意识的自觉生成是职业责任意识不断发展的重要内容。

目前在职业领域，诚信和协作是对从业者品质的重要要求。首先，诚信是为人

---

① ［德］马克思：《1844 年经济学哲学手稿》，86 页，北京，人民出版社，2000。
② ［德］卡尔·雅斯贝斯：《时代的精神状况》，上海，上海译文出版社，2013。
③ 罗国杰：《伦理学》，178 页，北京，人民出版社，1989。

做事之本。在一般意义上，"诚"即诚实诚恳，主要指主体真诚的内在道德品质；"信"即信用信任，主要指主体内诚的外化。"诚"更多地指"内诚于心"，"信"则侧重于"外信于人"。"诚"与"信"组合，形成内外兼备、具有丰富内涵的词汇，其基本含义是指诚实无欺、讲求信用。"以真诚之心、行信义之事"是各行各业的基本职业要求，是现代职业人必备的职业品质。现代企业在选拔员工时大量采用诚信测验，包括责任心、长期的工作承诺、一致性、可靠性等。其次，协作是现代职业的现实要求。现代职业强调对话、分享、共赢，因此，部门与部门之间、个人与个人之间的协调与配合非常重要。从业者只有群策群力、相互协作，才能在完成团队任务的同时实现自我价值。

（2）职业行为意向：勤奋与创新

职业责任意识不仅体现着与职业角色对应的职业规范意识，更重要的是在对所从事职业的价值和意义高度认同后所产生的踏实勤恳、精益求精的职业行为意向和追求。比如说，医生要有救死扶伤的职业规范意识，商人要有诚信经营、逐利有道的职业规范意识，在此基础上，医生要具备履行救死扶伤责任的医术能力，商人要具备精通业务、熟悉流程的业务水平，这一切都要求职业人要有践行职业责任的自觉行为，而这些行为特征正是在一种行为的意识下产生和发展的。因此，职业责任意识中包含着一种勤奋创新的行为意向。

"天道酬勤"——一个有职业责任感的人必然是一个有勤奋意识的人。对于将职业看作是一项神圣使命的人来说，只有辛勤的工作才能确证自己的人生价值，工作自身便是达成人生目的的唯一方式。他们是视时间为生命的人，从不虚度时光；他们特别重视工作的效能感，总是提前上班、推后下班；他们没有工作日、休息日的概念，坚持今日事今日毕。他们用"标志性的勤奋"，自觉践行着职业的责任，是敬业乐业者典型的行为特征和人格特质。

不仅要有勤业意识，而且要有创新的精业意识。所谓精业意识体现职业者对所从事职业的一种精益求精的要求，一种努力把工作做得尽善尽美的"唯美心态"，不断使职业有所创新、有所前进、有所发展。一个具有精业意识的职业者活力无限、创意不尽，这不仅是为了推动职业和事业的发展，也是自我实现的表达。做到更好，在工作中挥洒智慧、激发潜能，确证个人价值，实现人生理想。创新必然推动自我行为的发展，推动自我生命的发展，使个体在发展中展示自由的个性，体会人生的幸福，并从中获得无限的乐趣和满足。工作变成了一种人生的享受，而这种乐趣和满足反过来又成为职业者长期为工作奋斗的信念支撑和力量源泉，这是职业精神的最高境界。

（二）职业精神构成要素间的关系

1. 职业理想规约职业方向及职业发展境界

职业理想产生于人充分认识自我的职业志趣和从精神上高度认同职业的价值和意义的内在需要，是人的职业意识成熟的标志。首先，崇高的职业理想是获得有尊严的职业的前提。"尊严是最能使人高尚、使他的活动和他的一切努力具有更加崇高品质的东西,是使他无可非议、受到众人钦佩并高出于众人之上的东西。"①这不取决于社会地位的高低、财富的多寡,即职业的尊严感不附属于职业,而是人对职业的内心感受。正如马克思所说,"被名利迷住了心窍的人,理性是无法加以约束的,于是他一头栽进那不可抗拒的欲念召唤他去的地方;他的职业已经不再是由他自己选择,而是由偶然机会和假象去决定了。"②因此,只有坚定和坚守内心的理想,秉持高举远慕的心态和慎思明辨的理性,才能使人的职业生命处在一种完全知道自己想要什么和想干什么的状态中,才能真正懂得有尊严的职业的深刻内涵。

其次,职业理想可以帮助从业者形成热爱职业的情感,坚定克服职业困难的意志,以及明确职业的责任和使命。职业理想赋于从业者一种精神的力量,将从业者对所从事职业的意义、规律、原则的尊崇和信服,奉为自己的行为准则和活动指南,使从业者的人生理想与自己的职业紧紧联系在一起,从而在职业中自觉地追求个人价值与社会价值的统一。在崇高理想下,主体对职业就有了在任何情况下都神圣不可亵渎的情感,具有了强大的克服困难的信心,推动和引导从业者努力寻找各种手段和途径,把工作做到最好,达到心中向往的职业境界。

2. 职业情感意志提供职业发展的内在动力

个人职业精神系统的发展是以职业情感意志系统为核心的动力系统作为个人职业发展的内在保证。视职业情感意志为个人职业发展的内在保证,是因为人的情感意志的性质、内容以及状态主宰着人的动机系统的指向与功能发挥。英国近代伦理学家、哲学家休谟在以情感意志原理构建其伦理学说时,提出了情感意志力量和人的精神运动水平的关系,他认为"心灵处于自在的状态中时,就立刻萎靡下去;为了保持它的热忱,必须时时刻刻有一个新的情感意志之流予以支持"。黑格尔作为理性主义哲学流派,同样不否认情感意志的作用,甚至断言"激情和意志是一切行动的生命线""没有激情和意志,任何一个伟大的事业都不曾完成,也不能完成"。情感意志力量的运动,创造着精神,没有这一运动,就无所谓精神。当然,古典哲学家对情感意志的精神价值的肯定,当时并没有取得现代意义上的科学实证根据。20世纪60年代以来,心理学家逐步认识到,情感意志本身构成了特殊的价值认识,即以价值感觉的方式引发或者调节行为。情感意志不仅伴随着任何活动的出现,由需要的满足与否而引发,而且反过来影响个体的需要,并且引导需要,调节需要,成为个体道德行为稳定的心理背景。

从本质上看,职业精神不仅表征为崇高的职业理想,而且体现为追求、适应新的职业生活方式,构建理想的职业世界的需要。无论是内在的要求,还是外部的需求,都不是凭空产生的,从根本上说是受制于人建立在物质生产方式上的职业活动与交往,其深层机制在于人在职业活动与交往中对职业规范、职业道德价值的一次

---

① 《马克思恩格斯全集(第一卷)》,458页,北京,人民出版社,1995。
② 《马克思恩格斯全集(第一卷)》,456页,北京,人民出版社,1995。

次职业积累、一次次情感体验的强化和过滤，以致逐渐定向并迁移、泛化，最终实现价值体系化、人格化。也就是说，人在树立职业理想、遵守职业规范、履行职业义务、发展职业自我的职业生涯发展过程中，必须有强大的自我肯定的情感来支持自己不断前行。在遭遇职业挫折、倦怠、焦虑等负面情绪时，总能通过意志的力量坚定职业目标和理想，理性地把握自我的自主状态。因此，职业情感意志的内在运动轨迹正是体现在人在体悟各种职业体验之后，找到自己喜欢的体验，并自愿追求这类体验，扩大这类体验的经验范围，从而产生了对某些价值偏爱的感情。例如，为了某种职业理想"废寝忘食""甘于清贫""以苦为乐"等正是对这种情感境界的描述。

3. 职业责任意识是践行职业义务的信念保障

职业责任意识是主体在理解具体职业角色的基础上，把握自身行为及其结果，使之符合社会要求的观念、情感、意愿，是履行职业责任，践行职业义务的信念保障。首先，职业规范意识不仅可以促使从业者履行职业义务，而且能够引导从业者深刻理解规范背后的权威性精神力量，如纪律精神、合作精神、诚信意识等，让其在有限的条件下和具体的要求中适应职业生活，获得对职业价值与人生意义的关联性体认，为职业精神的培育奠定现实基础。"事实上，引导职业人行为的依据，不是理论的洞见或普通的程式，而是特殊的规范。唯有这些规范才能适用于任命所控制的特定情景"①，正是与实践紧密相连的具体职业规范的鲜活性和规约性，才赋予了职业规范以强大的生命力，它所承载的职业精神才得以不断延续，从而推动职业活动朝着人类的理想目标前进。当现代职业人通过职业规范的外在他律要求为切入点，逐渐内化，并以一种欣赏的心境，自觉秉持规范中隐含的职业信念，在践行职业责任的过程中追求卓越，超越自我，这才是职业的最高境界。因此，职业规范意识既是"反思性的个人意志得以形成的不可或缺的条件……也是解放和自由的工具"②。

其次，职业责任的行为意向既是从业者个体职业情意能力得以健康发展的处事心态，也是其实现职业理想的信念保障。现代职业责任更多的不是赴汤蹈火、壮怀激烈，而是爱岗敬业、恪尽职守，以自己勤奋踏实、严谨认真、一丝不苟的聪明才智推进社会主义事业的发展。勤业精业的行为意向促使高度的使命感油然而生，它引导人们把职业理想同远大理想结合起来，寻求个人能力、个人需求同社会需求的结合点，使每一个社会成员都能忠实地在自己的岗位上履行对社会、对人民的责任。

通过上述对职业精神实质和结构的分析，所谓职业精神是与职业活动紧密联系的一种实践精神，敬业乐业是职业精神对象化的普遍特征；职业理想、职业情感意志和职业责任意识是职业精神的主要构成要素；职业精神具体表现为对职业的热

---

① ［法］爱弥尔·涂尔干：《道德教育》，28 页，上海，上海人民出版社，2001。
② ［法］爱弥尔·涂尔干：《道德教育》，50 页，上海，上海人民出版社，2001。

爱、立志、进取、奉献、专注、忠诚、自制、坚持、诚信、协作、勤奋、创新的精神状态及行为风貌。

二、职业精神的功能

作为完整的系统结构，职业精神系统的功能是多方面的，尤其是随着人类自身的演进，职业精神对于人的职业生涯发展的功能越来越多样化，特别是对于人类在职业中如何发展自身、提高生命质量等方面的价值越来越多地被发现和发掘。从教育的视角，主要考察与人的发展密切相关的三种功能，包括动力—激励功能、导向—选择功能和反馈—平衡功能。三者以动力—激励功能为本原，以导向—选择功能为手段，以反馈—平衡功能为中介，相互作用，相互促进，推动职业精神系统的发展，促进职业精神系统的完善。

(一)动力—激励功能

动力—激励功能发源于人的职业需要，深植于人的"生存本能"，是整个职业精神系统的首要功能。人生存需要的不同层次直接影响职业活动的效率与质量、个体对职业意义的理解和追求，以及个体对美好职业的体验。职业活动主体在职业实践中，以既有的职业精神系统构成为基础，不断将各种职业价值观念内化，形成个体的职业信念；同时社会又向个体提出各种不同的职业规范和道德要求，当这些价值规范与主体先前形成的价值观念相吻合时，就会转化为主体的新的价值需要，进而引导主体的职业活动的价值走向。

(二)导向—选择功能

导向—选择功能是动力—激励功能基础之上的一种职业追求，引领主体的人生方向，来源于主体的职业信念，它是主体从内部世界反观自身，理解人与职业之间各种现实或可能的意义关系，为人所特有的、自我认知升华后所形成的高尚的价值追求，是人的精神追求。个体的职业追求与社会理想的职业价值追求的协调一致是教育追求的目标。当个体面临复杂的职业情境时，会从不同的需要出发做出不同的选择。例如，当牵涉自我与他人利益冲突时，是利他还是利己，取义还是趋利？这里影响人、促使人做出正确选择的是个人心灵深处的价值追求，更多的是依赖于个人由理性积淀、规范内化而成的职业精神境界"不假思索"地在瞬间完成。这种境界正是主体所具有的职业精神系统的导向—选择功能所发挥出来的，而职业精神系统导向—选择机能发挥的频率、方向、效果取决于教育的影响。

(三)反馈—平衡功能

反馈—平衡功能是保持和维护个体心理平衡，使个体的职业价值追求与行为保持一致的重要功能。职业精神系统的作用是个体在职业活动中逐渐形成并且发挥出来的。主体在其职业成长过程中不断参与职业实践，对各种职业价值不断进行体验、辨别、比较，在理解职业规范和追求职业价值的同时不断激活"沉睡"在自己潜意识里的价值"沉淀"，而这一连续不断的过程的维持，需要职业精神系统不断地将职业所带来的自我肯定、自我完善、自我发展等积极的情感体验反馈给职业主体。

这种反馈—平衡功能的存在，一方面使个体勇于承受职业生活的压力，提高克服困难的能力；另一方面使个体对未来充满信心，鼓舞人调动潜能，并享受职业成功所带来的精神愉悦。

个体正是在职业精神系统的三种机能的交互作用下形成了自身的职业理想和信仰，从而才能在职业生涯的各个阶段，在职业活动的各种情景中，坚守自己的理想信仰去做事做人。需要强调的是，抽象的理论分析是为了揭示事物发展的内在联系，形而上是学术探讨的需要而非人为的分解与割裂。事实上，无论是职业精神系统的结构分析，还是此处讨论的职业精神系统的功能，在职业活动的真实情境里，所有的因素、规律、价值等统统都以气雾般的状态存在于个体心中，混沌氤氲、伯仲难分。

小　结

"职业精神是什么"是第二章阐明的核心问题。围绕这一核心问题，本章主要通过对职业内涵及其属性的界定探讨职业对职业精神质的规定性，在明晰职业精神质的规定性的基础上，进一步厘清职业精神的要素、结构及其功能。

本章共分为三部分内容。首先，界定职业的内涵及属性。只有具备了维持生计、承担社会角色和发挥人生价值三个方面的意义，才能称其为职业；对应职业的三重内涵，阐述了职业的三重属性，即提供个体职业生存手段的技术性、连接个体生活与社会秩序的组织性和满足个体精神需要的享用性。职业的三重属性，体现着人的生存需求、交往需求以及自我实现的不同层次。

其次，从职业的视域探究职业精神的内涵。职业对职业精神质的规定性主要体现在三个方面，即表征人类利用技术改造物质世界的文明成果、体现专业群体或组织利益的精神信念以及反映个体精神世界的内容和层次。在明晰职业精神实质的基础上，进一步提出"敬业乐业"是职业精神对象化的行为特征，主体通过"敬业乐业"的职业行为，在职业世界精神意义的引领中，获得生命意义的领会与生命境界的提升。

最后，阐明职业精神的结构及其功能。职业精神的结构主要包括职业理想、职业情感意志和职业责任意识三部分。其中职业理想又包括职业志趣和职业价值认同，职业情感意志包括职业情感和职业意志，职业责任意识包括职业规范意识和职业行为意向等内容（具体见图2-1）。职业精神构成要素之间的关系体现为：职业理想规约职业方向及职业发展境界，职业情感意志提供职业发展的内在动力，职业责任意识是践行职业义务的信念保障。此外，职业精神与人的发展具有密切相关的三种功能，包括动力—激励功能、导向—选择功能和反馈—平衡功能。三者以动力—

激励功能为本原，以导向—选择功能为手段，以反馈—平衡功能为中介，相互作用，相互促进，推动职业精神系统的发展，促进职业精神系统的完善。

通过对职业精神实质和结构的分析，所谓职业精神是与职业活动紧密联系的一种实践精神，敬业乐业是职业精神对象化的普遍特征；职业理想、职业情感意志和职业责任意识是职业精神的主要构成要素；职业精神具体表现为对职业的热爱、立志、进取、奉献、专注、忠诚、自制、坚持、诚信、协作、勤奋、创新的精神状态及行为风貌。

第三章

职业精神传承

　　精神文化的继承不能遗传，只能通过传递方式而绵延发展。精神作为人类高层次的意识形态，是以文化和人这一文化主体为载体的。职业精神传承作为职业精神发展变化的运动形式，是职业文化和主体的有机结合。这个过程因受生存环境和职业背景的制约而具有强制性和模式化要求，最终形成职业精神的传承机制，使职业精神在历史发展中呈现完整性、延续性、发展性等特征。传承最终体现了人类对职业精神传统的理性选择，既具有相对的稳定性，又会随环境的变化而变迁，它的传承将在这种变迁中吐故纳新以显示其时代特征。职业精神是如何传承的？在现代化的进程中，选择怎样的传承机制，才能更好地处理职业精神职业定向性与精神超越性的关系？通过职业教育发展的历程，梳理职业精神传承的基本途径及形式，探究职业精神传承的实现，从而确立现代职业精神培育的主体。

第一节　职业精神传承的途径及形式

一、职业精神传承的途径

（一）劳动和生活过程

　　职业精神传承是一个动态的历史过程。每一种职业都有自己的文化和传统，之所以世世代代不断绵延和发展，就在于职业所蕴含的精神意蕴自身具备着某种传递和延续其生命力的手段。职业精神这种传承机制与人类物质资料的生产和人类自身的再生产并行不悖，甚至与人类的生产和再生产共同构成社会再生产的基本内容。正因为如此，职业中的人一代又一代随时光流逝而消失，而职业的精神却代代流传下来，并随人类的发展越来越强大，越来越丰富。以此而论，职业中的人创造了职业精神，又受职业精神的支配，职业中的人和精神水乳交融，统一于职业主体的劳动和生活过程中。因此，人类在改造物质世界的活动中始终伴随着精神意识活动，人类的物质活动本身就内含着精神要素。也就是说，人类进行物质资料和人自身的生产和再生产，同时也是职业精神的生产和再生产。

实际上，职业精神文化的生产和再生产不仅自始至终参与两种生产和再生产的全过程，而且在这一过程中，职业精神传承对物质资料和人自身的生产发挥着重要的能动作用。一方面，充当两种生产和再生产的中间环节，保障人类有效地获取物质资料，创造一个有利于人类生存的外部环境。人的生物生命的维持以物质资料的有效获得为基本条件，但是这种生命是有限的，必须把所积累的知识、经验、智慧和征服世界所必需的勇气转化为精神符号，传给新生的社会成员，这样人类才能以高效率获取生存资料，人的社会发展也以此为前提①。另一方面，维系人类组成一定的职业群体。精神是人类的共识符号，也是人类结成稳定共同体的依据和内在动力，其中职业精神传承或再生产是职业共同体的内聚和认同的源泉。离开这种职业精神文化的再生产，职业系统的完善和发展将难以为继。与此同时，职业精神在生产生活过程中的传承，离不开一定的组织结构，需要组织系统作为构架支撑，需要稳定有序的社会制度作为硬件保障。在传统的社会结构中，职业精神传承主要包括血缘传承和业缘传承两种形态。

1. 血缘传承

血缘关系是人类最基本的关系，家庭、家族是最基本的劳动生活组织。个体在生产劳动过程中传承职业精神最早发生在家庭中，是通过父母及血亲长辈的口传身授而进行的。虽然人类最初并不懂得种种生活模仿（训练）的精神意义，而正是"有益于生存"的自然判断赋予了朦胧、混沌的原始职业意识所蕴含的"善"的要求。职业精神是一种关于"善"的精神的延续，人类据此获得在劳动生活过程中维持一套善良品行的秩序。由于物质生产发展水平的限制，所有这些秩序最初都是通过血缘关系源源不断地传授给刚刚进入社会传统之中的每一个新人，并在传承过程中促成了职业精神的不断完善和发展。

2. 业缘传承

在行业技艺中，由于行业的文化传统只在特定的行业之中被普遍认可，因此，职业精神的传承呈现出行业特征，其传承方式被称之为"业缘传承"。业缘传承最基本的形式是"师徒传承"。从入门前的考察习俗到举行拜师仪式，再到入门后的培养，最后到举行出师仪式，各行各业都有固定的程式和严格的规范，这些程式和规范以及技艺本身构成了职业精神的主要内容。古代的"师徒传承"是一种全程的教育模式，师徒一起生活、学习、讨论，"徒弟与主师，亲若父子，俨然家族，彼此之

---

① 赵世林：《论民族文化传承的本质》，载《北京大学学报（哲学社会科学版）》，2002(3)。

间，于道艺外，犹多密切感情，其能得圆满之效果"①。正是这种"情感效应"的积极作用，师傅尽心为徒弟传职德、授职技。一传十，十带百，带出了一代代职业人，使优良的行规得以继承发扬。当然，这一过程实际上也存在着剥削，但是正是这种"一日为师，终身为父"的学徒制度使得在技艺传承的过程中，人的思想观念和行为方式融合为一体。

(二)企业生产和培训过程

造就一大批具有高度职业精神的员工，是现代企业生存和发展的关键。员工的职业精神与企业文化共同渊源于个体的价值观，因而都具有内隐性、动态性、客观性和渗透性等特征。尽管员工的职业精神和企业文化在不同载体上的表现形式有所差别，但都已经深深地根植于企业行为或制度的框架里，并在对企业文化理念的追寻和外界变化适应的过程中，不断实现跨代际的精神传承。知名企业之所以具备超强的竞争力，能创造出亿万价值，成为各行业中瞩目的卓越代表，不仅仅是因为管理者的经营有方，更重要的是企业具有鲜明的"坚守而创新"的精神成长轨迹。世界著名企业职业精神如表 3-1 所示。

表 3-1 世界著名企业职业精神

序号	职业精神	企业职业精神
1	敬业	埃克森美孚石油——敬业精神，时刻不忘
		安捷伦——敬业是企业与员工的双赢
		西门子——员工就是企业内部的企业家
		吉列——干一行，专一行
		卡内基钢铁——为自己的梦想打工
		IBM——发现工作中的使命感
2	忠诚	福特汽车——忠诚于企业就是忠诚于自己
		微软——忠诚胜于能力
		三星——与企业荣辱与共
		麦当劳——对不忠诚的行为永不宽恕
3	诚信	同仁堂——诚实无欺，逐利有道
		IBM——承诺是用全部力量去做的事
		奥康——人品决定鞋品

---

① 严昌洪：《近代商业学校教育初探》，载《华中师范大学学报(人文社会科学版)》，2000(6)。

续表

序号	职业精神	企业职业精神
4	态度	微软——工作要付出100％的热忱
		福特汽车——态度决定事业的高度
		通用电气——用激情感染周围的人
		迪士尼——在工作中找到乐趣
		海尔——认真解决每一个问题
5	责任	微软——人可以不伟大，但不可以没有责任心
		可口可乐——责任来临时，主动去承担
		三星——对自己负责
		通用汽车公司——我能为公司做点什么
		辉瑞制药——推卸责任，将被淘汰
		戴尔——珍惜工作就是你的责任
		沃尔玛——尽职尽责，让工作尽善尽美
6	高效	海尔——工作就要日事日清
		埃克森美孚石油——绝不拖延
		IBM——目标产生高效率
		伯利恒钢铁——要事永远第一
		迪士尼——学会化繁为简
		摩根大通——工作要有计划性
		松下——专注于有效地工作
7	协作	索尼——协作才能发展
		苹果——职场不要"独行侠"
		通用电气——沟通是团队协作的黏合机
		李维斯——集思广益，听取意见
		松下——没有完美的个人，只有完美的团队
8	创新	苹果——活着就为改变世界
		松下——问题来了，主动思考
		IBM——打破一切常规
		3M公司——创新需要越挫越勇
		丰田汽车——提出问题比解决问题更重要
		《读者文摘》——创新离不开坚持和实践

序号	职业精神	企业职业精神
9	进取	微软——吃老本是最可怕的事
		三星——工作必须全力以赴
		冠群公司——迎接挑战，突破自我
		松下——面对失败，永不退缩
		通用电气——在升值中升职
10	执行	戴尔——做企业不折不扣的执行者
		惠普——拒绝借口，完美执行
		海尔——执行不到位，不如不执行
		蒙牛乳业——战略的成败在于执行
		联邦快递——执行的关键在于速度
11	细节	希尔顿——永远面带微笑
		埃克森美孚石油——善于发现细节
		宝洁——绝不忽视细节，细节决定成败
		麦当劳——注重细节让工作尽善尽美
		海尔——工作无小事，责任大于天

生产经营是企业之本，企业的职业精神都是在生产经营实践过程中形成和发展的。因此，职业精神的传承结合生产经营实践，是企业职业精神传承的基本途径。在生产经营中，通过严格的工艺规范操作、质量管理规程等，使职业规范深深扎根于从业者的职业意识和职业行为之中，形成极具代表性的以职业规范为基础的"职业化"精神，即要求从业者在规范的约束下达到产品生产和服务水平的专业化、规范化和标准化，最终促使企业形成自身特色的职业精神，使之在生产实践中代代相传。另外，在生产过程中有意识地通过师带徒活动，使企业的职业精神得以继承发扬。

管理大师德鲁克认为，现代员工主要有正规教育与继续教育两种需求。企业能否开展高质量的职业培训，是员工的"个性"与企业文化的"共性"能否和谐统一的重要因素。企业培训是传播企业价值观和经营理念，指导员工的职业行为，进行职业道德和理想教育的重要手段。企业培训与企业的职业精神有着密切的联系，不仅是沟通精神文化与行为文化、制度文化的不可或缺的渠道，更是企业职业精神传承的途径。比如，企业通过多种教育途径开展职业理想教育、敬岗爱业教育等，激发职工对企业职业精神的深刻理解和感受，引导职工结合工作实际，认同践行崇高的职业理想和职业责任，一以贯之，不断发扬光大。

1. 结合生产经营实践，开展职业规范养成教育

同仁堂优良的企业精神体现在生产经营的每一个环节。养成教育是培养员工职业精神的关键，需要持之以恒、情理交融、潜移默化地培养和引导，使企业员工养成良好的职业习惯。同仁堂在养成教育中突出做到"三严"。一是严格按工艺规范操作。制药过程多达上百道工序，每个职工都必须严格执行每道工序严细的工艺规范。二是严格进行质量管理。同仁堂形成了以药品疗效为核心的全面质量保障体系，建立了三级质量管理网络，健全了质检员队伍，建立了"质量否决权"制度。三是严格执行纪律。工艺操作的准确无误和质量的稳定可靠，是同仁堂精品良药蜚声海内外的保障。职工在生产经营过程中一旦出现差错，立即按照规定纪律严格处理的过程，是同仁堂精神得以落实的保证。

2. 举办多种职业培训，营造职业精神传承氛围

职业培训是同仁堂"德、诚、信"文化代代相承的重要途径。一是用多种途径开展敬业爱岗教育，提高员工职业素质。员工人手一册《同仁堂史》，引导员工以史为镜，规范个人言行；拍摄《同仁堂传说》，让员工透过形象生动的影视史料感同身受；发动员工收集、编写、演讲体现同仁堂职业精神的历史小故事，出版《同仁堂故事集》，让员工从具体实例中领悟同仁堂职业精神的可贵之处；举办各种形式的企业发展回顾展，使员工从同仁堂发展的历史与现实对比中，认识职业精神的重要作用。二是以典型的人格力量引导和影响职工。同仁堂优良的职业精神得以继承和弘扬，与一批优秀员工典型的示范作用密切相关。特别是药德高尚、身怀绝技的老职工，是企业品质和声誉的名片，他们的事迹介绍，在职工中产生了强烈的反响和良好的教育效果。三是抓住实例和机遇，开展职业精神教育。在 2003 年突如其来的"非典"灾难中，京城 61 家同仁堂药店支撑了全北京近一半的药量。为此，同仁堂用行动再次诠释了"同修仁德，济世养生"的传统精神。

(三)学校教育

职业精神传承是职业精神发展中的"扬弃"，既克服又保留，是批判地继承，更是继承中的发展和创造，集中表现在职业精神传承中主体的价值判断和选择机制上。职业精神的发展过程正是一个由个体社会意识的逐步形成，到受职业群体意识的影响和教化，再到形成较为稳定的具有职业群体意识特点的个人意识的形成过程。这一过程是通过习育和教育的共同作用完成的。实质上，教育从一开始就作为传递和保留任何一种精神文化的重要手段而存在。尽管在不同历史时期，不同国家、民族、阶级会有不尽相同的教育思想和方法，然而精神文化的代代相传则是一切教育的基本要义。只是在物质生产力低下的社会时期，职业精神的传承更多地表现为无意识的、潜移默化式的习育；而随着生产力的发展，有意识、有目的的学校教育则成为职业精神传承的重要途径。

学校教育对职业精神的传承，一是通过教育的手段、工具和载体使学生了解、体验和认同人类职业文化的精神要义，而课程则成为传递和保存的重要中介；二是通过教育中的师生关系将各种载体上的职业精神文化信息创造性的代际相传，使受教育者成为有精神追求的职业人。职业精神传承以"主体—客体—主体"的形式循环往复、螺旋上升，而学校教育则成为职业精神不断"内化—外化—内化"的"职业文化呼吸运动"。

1. 课承：学校教育职业精神的载体传承

课程起源于文化传承的需要。任何课程都是对人类文化进行加工的产物，其目的是传承人类文化、发展人类文化和培养创造新文化的人。也就是说，课程既是文化的重要载体，又是文化的重要组成部分。课程与精神文化有着天然的联系，一方面精神文化造就了课程，使课程成为一种精神文化的符号；另一方面课程形成着精神文化，使精神文化在课程中得以传承和创造。在教育实践领域，学校教育的课程本质是让学生学习人类精神文化并通过他们发展人类精神文化。因此，职业精神培育的课程应该真实地让学生经历职业文化活动的过程，为学生能够经历这些活动过程创造条件和机会，从而确保人类的职业精神跨入课程内容之中，确保职业精神通过课程实施得到最大限度的传承。

（1）确立职业精神传承的课程目标

职业精神深刻反映着职业群体独特的信仰、态度、价值观及行为准则、思维方式等，学校教育应确立职业精神传承的课程目标，传承职业群体的职业文化，培植职业认同感。通过为学生提供系统学习职业文化的相关课程，了解、掌握职业文化的历史及时代特征，尤其要重视职业规范的学习，以促进理解其深刻的精神内涵。此外，应将培养学生的批判意识纳入课程目标之中。面对多元的现代职业精神，离开理性的反思和意义的批判，人类已经打开的"潘多拉"之盒，恐怕只会放出使人类命运悬于一线的魔力。因此，职业精神的传递是一种批判性的继承和创造性的发展，而提高学生的批判与选择能力以及创新能力应成为职业精神教育内容的重要目标。

（2）发掘丰富的职业精神资源

课程内容必须反映出职业精神的历史、经验、价值观念，给学生以了解职业精神形成发展的机会，尤其是对于传统职业精神的起源要有深入的了解。学生首先要认识自己民族职业文化的精髓，理解现代多元的职业文化，才有条件在变化的职业世界里确立超越自身的职业理想并付诸实践。面对丰富多样的职业文化课程资源，学校课程要遵循价值性、开放性、现代性、需求性等原则，以我国传统职业文化为基点，在此基础上使职业精神课程资源的选取范围触及现代多元的职业价值体系，培养学生正确的、与人生意义实现紧密联系的职业价值观。总之，只有那些具有教育意义，符合职业精神教育目的、培养目标和课程目标，且适应受教育者身心发展需求的优秀职业精神资源，才能成为课程内容。

（3）实施主题统整的课程组织方式

职业精神课程内容组织的有效方式是以职业世界中具有个人和社会意义的问题

为中心，将职业活动经验统整到问题的意义架构中，使学生置身于职业情境并亲身经历解决问题的方法，感受职业精神的意蕴与意义。课程组织过程的关键是主题的确定和规划。主题可以从职业生活及活动的关注点萃取出来，也可从职业文化的资源与遗产中获得，还可源自社会问题或议题，如"职业的价值：谋生、服务社会抑或实现自我""职业精神的传承与认同"等，更可以是学生自身的议题或关注的事项，如"世界 500 强企业最关注的职业品质是什么""如何获得职业的成功"等。主题的确定必须关心学生的需求，并能激发学生的能动性和创造性。在确定主题的基础上，还必须对主题进行规划，即围绕主题规划与主题相关的学习经验，在主题的脉络下统整适切的职业经验，形成次级概念，并围绕次级概念架构更次一级的概念与活动，组成主题网络①。此外，学生要实际参与活动的设计，发现问题、建构问题、解决问题，这也是一种职业精神的教育历程。

（4）依托多样化的课程形式

主题活动课程、实习实训实践课程是学校传承职业精神的主渠道，为此学校应开设多种形式的活动实践课程。一方面重视并改革以职业精神为主题的课堂教学形式，强调主题情境的创设、主题内容的审美化处理，激发学生的情感共鸣及反思；同时，注重在各类课程中进行潜移默化的渗透。另一方面结合专业创新实习实训课程的开发，通过规范实习纪律、学习先进职业人物、全程体验职业角色等手段及形式，增强实习实训课程的职业精神教育效果。此外，通过在校园及学校的图书馆、教室、会议室、餐厅等摆放象征职业精神的器物或人物雕塑，悬挂诠释职业精神的壁画等，营造引导学生深入探究、深刻理解职业精神的良好的文化氛围。总之，学校课程从传承与创新职业精神的目标出发，基于学生的经验、兴趣和生活，有效设计活动主题，利用文体活动、社区实践、参观实习、专业比赛等形式实施职业精神教育。教育的过程强调学生的体验，要求学生在实践中积累经验、感悟人生、建构活动的意义。

2. 师承：学校教育职业精神的主体传承

精神文化不只是一种静态、被动的对象存在，也不是一种已经完成的状态，而是一种社会实践活动的过程，是一种永无止境的发展过程。这一过程需要教育的选择、传承与创造，即教育通过对人进行精神塑造，使人成为一种精神的存在，从而也使精神成为一种连续的存在。教师在此过程中扮演着精神传承使者的重要角色。优秀的教师对于时代和历史进程的意义，在其精神品质方面，也许比单纯的才智成就还要大。事实上，教师的教不单是给学生传授知识和培养能力，同时也是在用自己对事业的热爱和责任对学生产生潜移默化的影响。尤其对于具有"尊师重教"文化传统的我国学校教育而言，师承效应不只是对教师知识的继承，同时还是对教师职业情操和人格魅力的发扬。职业精神师承效应的发生和形成，关键在于教师具有崇

---

① 刘茜、邱远：《论学校课程民族文化传承功能的实现》，载《中国教育学刊》，2010(7)。

高的职业理想、为人师表的职业意识和教书育人的职业情怀，并在具体的教学和科研中，实现职业精神传承和创造的重要使命。

(1)"师道"：教师承担"传道"使命的前提

所谓"传道"，不是简单意义上的"传递知识"，而是指传承一种"道"的精神。韩愈在《师说》中指出教师必须履行"传道"使命的基础上，进一步强调了教师必须具有为师的素养即"师道"。"师道"是对教师完成"传道"历史使命的严格要求，教师在职业中所体现出的"道"，即职业精神则是"师道"的重要内容。传承职业精神对于今天的教师来说，变得比任何时代都更加迫切和重要，因为自然文化生态下以师徒传承沿袭的传统，逐渐过渡到要求学校教育承担职业精神传承的责任，从而也对教师的职业素质提出了更高更新的要求。现代教师不再是传授技能的"师傅"、传递知识的"教书匠"，而应当成为促进学生"成才"的"教育家"。教师必须精于道、忠于道，必须传道、卫道，这就要求教师具有崇高的教育理想，视教育为毕生追求的事业，通过对学生现实存在的真正关怀，引领学生在生活和实践中向着真、善、美统一的最高境界不断攀升①。

(2)教学：教师"传道"的基本途径

学校教育对职业精神的选择继承和发展创新最终要通过教师培养学生来实现。也就是说，教师通过教学培养人才，从而实现对职业精神的传承。教学对于教师而言，是传承职业精神的基本途径。职业精神教育的教学过程是建立在师生关系基础上的自我意识与主体意识交织中的觉醒和提升，强调师生间的精神沟通，要求"教师只能与学生共同探索，而不是一厢情愿、一意孤行地凭借过来人的经验去强制学生接受自己的价值观"②。尤其进入大学阶段，教师要结合专业，真正关注学生作为"准职业人"的职业发展意向和需要，理解学生作为发展中的主体的独特个性以及自由的选择。在平等尊重的主体交往中，"润物细无声"地去影响学生对于职业意义的理解，在自觉认同的前提下，引导学生树立远大的职业理想，并积极付诸学习过程。师生双方的交互作用过程，是教师在教学过程中推动职业精神创造性传承的过程，也是师生共同建构职业精神的过程。比如，通过对"两弹一星"科技精英群体职业精神师承效应的分析，师承效应人才链通过教学过程使得勇于超越、淡泊名利、乐于奉献等职业精神相继延绵，成就了我国国防现代化和伟大的航空航天事业。

二、职业精神传承的形式

(一)心理传承

所谓"心理传承"是一种内在的精神熏陶和无形的心理传递，没有固定的范本和模式。职业精神的核心要素——职业心理意识、职业价值判断、职业情感趋向、职业审美情趣等，是在长期的生产劳动过程中通过心理传承积淀而成的，因为"通过

---

① 张传燧：《教师专业化：传统智慧与现代实践》，载《教师教育研究》，2005(1)。
② 杨跃：《论教师的责任伦理》，载《当代教育论坛》，2006(17)。

富有同感的心灵感悟力，我们才有希望认识到沉淀在生产生活中的许多模糊不清的职业信念之真实面目"。① 心理传承是最强烈、最持久、最深刻、最保守的职业精神传承，是各种传承形式的核心和中枢。

职业生活影响并决定了个体的心理，职业精神传承最根本的就是要在心理上认同所从事职业的文化传统，这样才能形成相似的行为方式。也就是说，职业群体在共同的生产劳动、人际交往、宗教礼仪、神灵崇拜等职业生活中，逐渐会形成共同的职业价值观，形成一致的职业规范及追求，这些心理现象是职业群体传承、维持固有的职业生活方式的一种最顽固的力量。例如，"祖传秘方""百年老字号"等文化标签，不仅仅是技艺的传承，更"表现古代社会里面生产生活传统的无上势力与价值，深深地将此等势力与价值印在每代人的心目中，并且极其有效地传延生产生活的风俗信仰，以便传统不失，团体团结"②。这种对所从事行业的精神意义的延绵，正是借助个体的心理认同、价值观念保持了长久的传承与稳定。因此，构成职业精神的各种要素的传递，只有经过心理传承的过滤和整合，才能为职业群体所共识，才能使这些民族的核心要素有机地融入每一个成员的深层意识中，也才能使职业文化的精神维系化作一种稳定而持久的、自觉的职业认同感和内聚力。与此同时，各种职业精神的传承形式、职业精神各种要素的传递都将有机地反映并作用在心理传承上，最终又强化了职业的认同意识。"精神的东西，会按精神的方式行进，而获得这一精神的最好的办法就是根植于心，为灵魂所拥有"③，这也是心理传承成为职业精神传承根本形式的原因。

(二) 文本传承

尽管心理传承被普遍认为是职业精神最基本的传承方式，但对于像中国这样有着完整历史和统一文字的国家来说，文字记载和书面叙事无疑是职业精神重要的传承形式之一。以我国职业精神的书面传承为例，在经、史、子、集、方志、野史、笔记等浩如烟海的各类文献中都有记载古代职业操守的书面材料，如《周礼·地官·司市》记载有"贾民禁伪而除诈"、《礼记·王制》记载有"布帛狄来表粗不中数，幅广不中量，不鬻市"的商业规范；《后汉书》中有韩康卖药从无虚诳，"口不二价"的商业故事；我国古代最为成功的晋商总结了"中国商贾夙称山陕，山陕人之智术不能望江浙，其推算不能及江西湖广，而世守商贾之业，惟心朴而实也"的商业经验，表现为"以诚待人""以信接物"的具体经营之道。《隋书·艺术列传序》认为技术应以"因民设教"为目的，应"救恤灾患，禁止淫邪"，如"医巫所以御妖邪，养性命者也""技巧所以利器用，济艰难者也"。《新唐书·方技列传序》认为有方技的人只有"卓然有益于时者，兹可珍也"，如《元史·许衡传》记载，许衡不仅自身发明创造极为突出，创制了简仪、仰仪、圭表、景符等天文仪器，修建 27 座观测台并制定

---

① ［英］R. R. 马雷特：《心理学与民俗学》，116 页，济南，山东人民出版社，1988。
② ［英］马林梭斯基：《巫术科学宗教与神话》，23 页，北京，商务印书馆，1936。
③ ［美］罗伯特·N. 威尔金：《法律职业的精神》，127 页，北京，北京大学出版社，2013。

了《授时历》，完成我国历法史上第四次重大改革，而且提出了著名的"治生说"，强调"言为学者，治生最为要务"，至于那种"恃己所长，专心经略财物"，或"矜以夸众，神以巫人"的所谓方技之人，在当时已为人所不齿，被指斥为"技之下者"。《素问·宝命全形论》还对针灸医师提出了五项要求，"一曰治神；二曰知养身；三曰知毒药为真；四曰制砭石小大；五曰知腑脏血气之诊"。这是要求在行医时必须聚精会神，懂得养生之道，熟知药性，会使用医疗器械，知晓医理。这些实际是对医生行医规范的要求。《黄帝内经》还专门撰写了"疏五过论""征四失论"，详尽阐述了医德的内容。孙思邈就是一个典型的例子。他将医学视为决人生死的"仁术"，并告诫后学"人命至重，有贵千金""一方济之，德逾于此"。他以"一存人心"的胸怀，热诚为民众治病，仅他亲手治疗的麻风病人就有 600 多例。另外，在传授技艺时，他还制定了一系列有关专业品德的戒律。例如，传授医学的咒禁学，就规定"凡欲学禁，先持五戒、十善、八忌、四归"，要求后学"济扶苦难""不淫声色""调和心性不乍嗔乍喜"。上述文本关于商业、医学等领域"具有崇商职业理想又热心服务于民众"的职业精神的历史文本记载，固定了不同职业领域模式化的职业规范要求，如商业领域的"童叟不欺"、医学领域的"仁心仁术"等。因此，文字记载和书面叙事可以记录历史上各种职业事件的发生、变迁的历史过程以及各种职业文化的"事实"，使后人通过阅读文字就可以熟知职业精神的传承历史，也使后人可以"据史"进行职业精神的历史复原和文化重构。

中国古代历史中不乏关于工匠技术的设计规范与工艺的精细要求的记载。据《考工记》记载，战国编钟的细密程度可以做到"圜者中规，方者中矩，立者中悬，衡者中水，直者如生焉，继者如附焉"；《轮人》《车人》诸篇中，对车轮的制作和检验，规定了从选料、外观、功能、检验标准等方面多达 10 项的详细技术要求。自秦汉时期开始，中国古代的纺织品、陶器等工艺品以其精美的外观和精湛的制作技术已深受国外商客欢迎，且远销中亚、西亚以及欧洲罗马帝国，当时的中国被世界称为"丝绸之国""陶器之都"。到了宋代，冶炼、舟车、桥梁、建筑、织造、印染、制衣、陶瓷、茶、酒等工匠技艺类的工艺技术水平已达到相当高的水平，并诞生了《木经》《营造法式》《陶记》《梦溪笔谈》等一系列科技史上的珍贵史料。此外，为了训育工匠精益求精的技术要求，制度建设也相当完备，实行了"物勒工名"（制品上标明制作者姓名）的管理制度，制定了《工律》《工人程》《均工》《效律》等一系列法律与管理档案，为保证产品质量，考核标准十分严格。《诗经·卫风·淇奥》中"如切如磋，如琢如磨"的佳句，形象地展示了工匠在对骨器、象牙、玉石进行切料、糙锉、细刻、磨光时所表现出来的认真制作、一丝不苟的精神。孔子在《论语·学而》中对这一精神高度肯定；朱熹在《论语》注中从工匠道德的角度，做出"言治骨角者，既切之而复磨之；治玉石者，既琢之而复磨之。治之已精，而益求其精也"的解读。后来，孙中山将它扩展到近代工业，并概括提炼出"精益求精"的精神，使萌芽于《诗经》的切磋琢磨的工匠精神最终提升概括为技术道德的重要规范。另外，《墨子·尚贤上》记载"兼士"必须符合三条标准，即"厚乎德行""辩乎言谈""博乎道术"，要做到"有力者疾以助人，有财者勉以分人，有道者劝以教人""利人乎即为，不利人乎即止"，这是评价职业行为是否道德的最高标准。这种"正德、利用、厚生"的职业价值观，揭示了古代工匠精神的内涵，并得到后世工匠的认同，不断发扬光大，陶铸了中国匠师"以德为先""德艺兼求""精益求精"的职业精神。通过这些文献的文字记载和书面叙事，不仅可以厘清当下各行各业职业精神的历史渊源，而且可以借助文字了解和继承中国传统的职业美德，确保中华民族的职业精神瑰宝源远流长和永久存在。

由于文化类型的不同，西方人从一开始就把各种职业要求普遍地形式化和法律化。这是西方职业精神的特征。例如，13 世纪巴黎制酒者行会和旧衣商行会章程有这样的严格规定。

除了在酿酒坊内出售啤酒外，任何人不得也不应出售啤酒，因为贩子所出售的啤酒没有像在酿酒坊内所出售的那样良好纯洁，而是又酸又变味，因为他们不懂得怎样把啤酒保持新鲜。而且那些自己不造酒而贩运啤酒到巴黎两三处地方去的人们，并不亲自去，也不是由他们的妻子去出售，而是派遣他们的小女儿甚至到外人的居住区，即粗野和堕落的歹徒所集结的地方去出售。由于这些缘故，本业的仲裁员，在国王准许之下同意了上述规则；任何违反这些规则的人一次犯罪应向国王缴付 20 个巴黎苏；而在酒坊外其他地方出售的啤酒，须充作慈善事业之用。

……

上述禁售的各物，不论在什么地方，若被以国王侍从长名义管理本行业的人看到，可予以没收；经过本业仲裁员的同意，并当着他们的面，在市场全部开市的日子予以焚毁①。

行会"师徒制训练模式"行规训诫的内容在很大程度上属于职业伦理的要求，所有人必须有良好的职业道德、确保产品质量、严禁出售假货和赃物等，若有违反，将会受到法律的严惩。因此，西方人的职业精神体现在做出一项实际行动时，首先考虑的是行为合法不合法，而中国人首先想到的是职业行动道德不道德。与此相一致，西方人常常把职业精神法律化，西方人的职业精神常常以法律或者契约的形式体现，这使得文本在西方职业精神的传承过程中发挥着更为基础的作用。

（三）媒体传承

随着科技的突飞猛进，集中了数字化、多媒体和网络化等最新技术的新媒体发展迅速。基于互联网的互动、手机与互联网的互动，以及在互联网络、手机网络、电视网络三网融合等形成的新媒体环境下，博客、播客、维客、手机短信、飞信、彩信、手机报纸、手机广播电视、网络电视、虚拟社区、门户网站、网络论坛、网上交易、简易聚合、网络文学、网络动漫等新兴的媒介手段，由于具有时效性强、

---

① ［美］汤普逊：《中世纪经济社会史（下册）》，88～89 页，北京，商务印书馆，1997。

覆盖面广、内容丰富、便捷等特征，使得新媒体在精神文化的传承中发挥着越来越重要的作用。同时受众群体的日益扩大，也为媒体作为精神传承的载体提供了有利的条件。据 2014 年 1 月由中国互联网络信息中心在北京发布的《第 33 次中国互联网络发展状况统计报告》显示，截至 2013 年 12 月 31 日，我国网民规模已达到 6.18亿，互联网普及率为 45.8%，其中学生依然是最大的网民群体，占比为 25.5%；与此同时，手机网民继续保持良好的增长态势，规模达到 5 亿，年增长率为19.1%[1]；加之主流媒体的普及，都为媒体发挥精神文化传播传承功能提供了良好的契机。

媒体传承职业精神的机制在于通过媒介的仪式传播，"唤起和重申社会的基本价值并提供共同的关注焦点"，为人类提供一种"民族的，有时是世界的事件感"，[2]使得职业的某些核心价值感和集体记忆重新走入人的内心，从而突破情感力传播局限，实现从仪式传播到达自我认同的社会效应。媒介庆典由此被看作"最具传承效应的社会形式之一"。下面就近年来主流媒体在传承职业精神方面的典型案例进行简要的分析。

案例一：《感动中国》——"打造当代中国人的精神史诗"（2002—2013 年）

目前，我国在构建主流价值观的过程中，人们将面临社会认同这一必要过程。那些被公众认可、接受、感动的社会价值，最终才是今日中国真正需要的情感。《感动中国》正是把这种情感发掘出来并用大众传播的手段保存、传承和发扬。《感动中国》作为一个囊括中国主流价值体系的节目，虽然领域遍及社会公共生活、职业生活领域和家庭生活领域，但职业领域是获奖人物重要的分布领域，因为职业是连接家庭和社会的桥梁，一个人通过从事职业维持家庭的正常运转，更通过职业参与社会生活，承担社会责任。当选者通过对所从事职业的奉献，诠释着一个人的社会担当和个人实现，传递出职业的精神意义。比如说，干部"执政为民"的职业精神，专业技术人员"开拓进取，创造辉煌"的职业精神，军警"英勇无畏，舍己救人，敢于牺牲"的职业精神，律师"捍卫正义，守护良知"的职业精神，普通工人"敬业爱岗"的职业精神等，都成为《感动中国》获奖人物的价值符号。十多年来《感动中国》年度人物价值符号分布（2002—2011 年）、《感动中国》年度人物阶层和职业分布（2002—2011 年）如表 3-2、图 3-1、表 3-3 所示[3]。

---

① 中国互联网络信息中心：《2014 年第 33 次中国互联网络发展状况统计报告》，2014。

② ［美］丹尼尔·戴扬、伊莱休·卡茨：《媒介事件》，33 页，北京，北京广播学院出版社，2000。

③ 董金权：《媒介价值生产的多元构建与类聚化——对〈感动中国〉百位年度人物的内容分析》，载《中国青年研究》，2013(11)。

表 3-2 《感动中国》年度人物价值符号分布(2002—2011 年)

	02	03	04	05	06	07	08	09	10	11	合计		
											个人	集体	小计
执政为民	2	2	2				1	1	1	1	10	0	10
热心公益 乐善好施	1	1	1	2	2	1	2	4	3	5	16	6	22
开拓进取 成就辉煌	2	4	4	3	2	3	2	2	2	2	21	5	26
敬业爱岗			1	2	4	1			3		9	2	11
英勇无畏 舍己救人 敢于牺牲	2	1	2	1	1	2	2	1	3	1	13	3	16
爱国、集体主义	1	1			1		3				5	2	7
诚实守信									1		0	1	1
知恩图报					1						1	0	1
自强不息 创造奇迹				1	2	1				1	4	1	5
婚姻家庭美德			1	1		2	1	3		1	9	0	9
捍卫正义 守护良知	2	1			1						4	0	4
总计											92	20	112

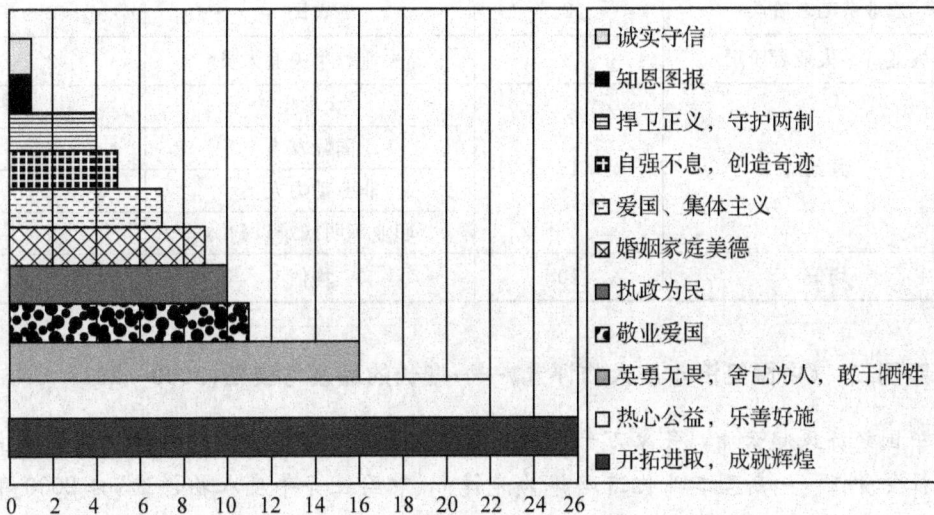

图 3-1 《感动中国》年度人物价值符号分布(2002—2011 年)

表 3-3 《感动中国》年度人物阶层和职业分布(2002—2011 年)

阶层	数量/个	职业	数量/个
国家与社会管理者阶层	26	中高层干部	8
		军警	18
经理人员	1	职业经理	1
私营企业主阶层	3	私营企业主	3
办事人员阶层	6	基层干部	5
		企业职员	1
个体工商户阶层	1	个体工商户	1
专业技术人员阶层	41	专家学者	16
		文体工作者	12
		教师	4
		医生	6
		律师	2
		记者	1
商业服务业员工阶层	6	商业服务业从业人员	6
产业工人阶层	7	产业工人	7
农业劳动者阶层	2	农民	2
失业、半失业者阶层	2	失业、半失业人员	2
其他	16	大学生	4
		国际友人	3
		非劳动力人员	1
		职业不明或难以归类	8
均值	10	均值	5

案例二：《中国经济年度人物评选》——增长的品质与责任(2000—2013 年)

中国经济风起云涌，气象万千，谁能挺立潮头，独领风骚？可持续发展、自主创新、社会责任……新型工业化道路谁为先锋？《中国经济年度人物评选》自 2000 年举办第一届，被业界称为中国经济领域的"奥斯卡"奖。中国经济年度人物评选活动旨在以人物为线索和载体，传承着中国经济健康发展所需要的"创新、责任、坚韧、远见"的职业精神。关于节目的媒体覆盖面、社会影响力等，它与《感动中国》节目不分伯仲，同为主流媒体的经典案例，不再详述。尤其是 2013 年的经济人物评选，中国技工首次成为获奖群体，三位获奖技工的事迹更是折射出中国经济的转型升级不仅仅是技术的创新，更是传统技艺精神的唤醒，相信未来的经济人物评选也始终会有中国工人的精神印记。这种精神的印记，才是真正引领中国转型升级的智慧与力量。

案例三：纪录片《大国重器》

与此同时，为全面展现近 30 年来我国装备工业取得的伟大成就，记录和传播为振兴中国装备工业做出突出贡献的先进人物及事迹，工业和信息化部、中央电视台于 2013 年 11 月 6 日起联袂推出了 6 集纪录片《大国重器》。该纪录片用独特的视角和震撼的镜头，记录了中国装备制造业创新发展的历史。通过人物故事和制造细节，该纪录片鲜活地讲述了充满中国智慧的机器制造故事，再现了中国装备制造业从小到大，到赶超世界先进水平背后的艰辛历程。在充分阐释中国装备制造业创新成就的同时，它用感人的讲故事手法，展现和讴歌了工程师、企业领导、普通工人、维护工、研究人员的职业精神，呈现了一个我国工业制造业快速发展的精神史诗。作为首部工业纪录片，《大国重器》自然吸引了不少网友的注意力。2013 年 11 月 6 日第一集播毕，便在网络上引起了广泛讨论，当中最多的意见还是表示通过这样一部类型不同以往的纪录片，了解了充满艰辛的工业发展历程，感受到了强烈的民族自豪感和责任感。上述主流媒体的经典案例，在一定程度上呈现了媒体在职业精神传承中的影响力和效果。

第二节　现代职业精神传承的教育选择

一、学校教育：现代职业精神传承的基本途径

（一）职业精神是学校育人的重要使命

著名心理学家弗兰克尔提出，职业（做有意义的事）是找寻到生命意义的首要途径。职业本身仅仅是谋生的手段，但人类可以通过自身对职业的反应赋予其更高的意义。职业能否自由选择，工作能否自然享受，劳动能否自觉行为，是人不断从"异化的人"走向"全面发展的人"的重要标志。随着经济的增长、技术的更新与物质的丰饶越来越成为社会发展的风向标时，人们对所从事职业的精神、感情和主体地位确立的要求也越来越强烈，当今的教育若对之重视不够或处置不当，就会使衡量人的价值标准物质化、数量化和庸俗化，从而泯灭了人对自我超越性的追求和对职业理想的向往[1]。因此，学校教育要在生存原理、思维方式和行动策略上与人类文明所追寻的美好生活不断调和，发展的各个阶段既要有依据于现实情况的具体实现，更要有理想的始终指引，形成一种精神的"可塑力"，即一种"明确地改变自身的力量，那种现实的东西和理想的东西融为一体的力量，那种治愈创伤、弥补损

---

① 段文灵：《马克思"实践人学"思维方式的生成及其当代意义》，载《哲学研究》，2008(1)。

失、修补破碎模型的力量"①。学校教育的这样"一种真正的变化的能力，而且是一种达到更完善的能力——一种达到'尽善尽美'的冲动"②，是承担培育具有现代职业精神的"准职业人"的育人使命的理性自觉。

职业精神作为对一定专业或职业的认识和态度，它是人从事某种专业活动的一大精神支柱，也是个人成才的强大动力之一。学生将在学校形成的良好行为习惯、性格品质带到自己生活和工作的场所，用自己所理解的完美标准去创造理想中的完美境界。尤其对于高等教育阶段而言，学生学习的专业，决定着未来将要从事的职业。对所学专业有无明确认识，对未来职业有无远大理想，都直接影响着学生在校学习和未来工作积极性的发挥，在一定意义上讲，也关系到学校教育的成败。因此，结合专业对学生进行职业精神教育，是学校教育的一项不容忽视的重要使命。学校教育通过构建现代职业精神培育体系，唤醒学生的职业意识自觉，启蒙其职业自由意志，提升人的职业精神境界，引导"准职业人"寻找职业的意义支点，丰富和健全主体性职业自我，"使人意识到自己的自由和创造力，揭示出人的个体潜能之所在，并为这种潜能的发挥和飞跃凝聚起巨大的情感和意志力量，储备好广阔的知识和能力前提"③。

(二)职业精神的现代迷失呼唤学校教育的精神引领

1. 职业精神的现代迷失

为了追寻美好生活，人类创造了各种各样的职业。职业本身没有欲望，但是每一种职业都可能附着了操作者的欲望，这种欲望刺激了人软弱而贪婪的人性之后，"职业的精神危机"就因此产生了。职业精神在实践层面对理性的探究越来越依赖于技术的力量，虽然人的"精神"奥秘总免不了要用逻辑技术来表达，但是"职业精神"引领理性的寻觅者获得了怎样的美好生活呢？人类在追寻美好生活的道路上，总是不断挑战"自我"——把不可见的能量转变成可见的存在，即想方设法地揭示精神"奥秘"，而科学技术就是人类用于解释精神的工具。于是，全球气候变暖、物种濒临灭绝、战争频发、网络犯罪等问题的出现，是人类发展技术造成的呢？还是一种不可避免的"精神的衰朽"？毫无疑问，无论技术的逻辑多么清晰，人在精神上都可谓"非常道"。在这个意义上，职业一方面让人在技术的快乐里高歌猛进，另一方面又让人在技术的痛苦里不能自拔；一方面人人锲而不舍地追求快乐，另一方面人人又被痛苦恋恋不舍地拽着不放。因此，职业完整意义的"支离破碎性"使得人类不可避免地陷入"精神的困境"。事实上，现代职业精神危机的本质就是由于在技术上扩大了人类能够做的范围，所以对"应当"做些什么就越来越不清楚了。

2. 学校教育对职业精神的选择和引领

面对职业精神的现代迷失，学校教育面临着一个不同职业文化之间的交流、碰

---

① ［德］尼采：《历史的用途与滥用》，4～5页，上海，上海人民出版社，2000。

② ［德］黑格尔：《历史哲学》，44页，上海，上海书店出版社，2006。

③ 邓晓芒：《中国教育改革的哲学思索》，载《高等教育研究》，2000(4)。

撞甚至对峙的状态。学校教育必须对繁茂芜杂的职业文化进行筛选，取其精华，弃其糟粕，提高受教育者主体的选择能力。学校教育实际起着职业文化采集器和过滤器的作用。学校教育对职业文化的选择，主要通过教育价值观、教育方针和培养目标，通过课程设置、教材及教学内容，通过教学方法、教育过程，通过校园环境等来选择职业文化。

同时，学校教育对职业文化的意义不仅仅在于选择，还在于不断地进行精神生产，引领现代职业精神的健康发展。"精神反思的任何一种更大的格式塔转换都是在精神之中发生的。不存在一种更大的、足够强度的外来精神使得我们放弃这种优越性。"①也就是说，对当前人类职业精神危机的回应，必须也只有在对现代职业精神本身的反思中才能实现。对于社会尚未意识到或者意识到却无所作为的深层次问题，教育以自身强烈的使命感和胸怀，去呼吁、去解决、去承担，这是教育社会责任的真谛。学校教育引领职业精神的社会责任归根到底是对人的生存价值的终极关怀。

首先，引领职业意义工具理性和价值理性的相得益彰。理性原则是启蒙时期的核心原则，它包括工具、形式、科技理性向度和人文、价值、实质理性向度。在前启蒙时期二者合而不分，自启蒙时期特别是培根确立"知识就是力量"的理性口号以来，两种理性日渐分道扬镳，最终打破了二者的平衡界限。现代职业承载着科技、形式、工具理性主导下推进的现代化过程，日益凌驾于实质、人文、价值理性之上，从而使人与自然、人与人、人与内心世界被工具化所主宰，职业活动完全被物化、工具化，"物的世界的增值与人的世界的贬值成正比"②"人们借助于机器来劳动和人们作为机器来劳动，这两者之间的巨大差异，并没有受到人们的注意"③。因此，要重建美好的人类职业活动方式，必须重建这一被分裂了的理性，使人类更好地在完整理性指导下的职业活动中生存。只有"技进乎道"，才能达到职业的精神境界，也就是说，人对于职业活动的享受，不是来自纯工具的熟练，而是来自职业所带来的"艺术精神境界"。这一境界的达成，必须在技术与精神统一、手段与目的统一的职业活动中才有可能实现。

其次，引领实现和谐生存。和谐性生存是相对于经典现代化时期敌对式生存而言的。经典现代化时期由于"人类中心主义"和"自我中心主义"的双重作用，人在职业活动中处理人与自然之间的关系时，采用的是对抗式的征服与被征服、改造与被改造的关系，结果造成生态危机；在处理人与人之间的关系时，总是以"自我利益"为出发点，从而导致人际关系的冷漠、冲突乃至于战争④。因此，要实现人的可持

---

① [美]唐·伊德：《技术与生活世界——从伊甸园到尘世》，208 页，北京，北京大学出版社，2012。

② [德]马克思：《1844 年经济学哲学手稿》，51 页，北京，人民出版社，2000。

③ [德]马克思：《1844 年经济学哲学手稿》，16 页，北京，人民出版社，2000。

④ 吴卫东，等：《当代中国生存问题的哲学研究》，312 页，北京，人民教育出版社，2010。

续生存，必须改变这种敌对的状态，在和谐生存的追求中从事职业实践活动。反对人通过职业活动控制自然，控制人类自身，而且希望人类能够合理通过职业造福人类，强调人的责任，通过人的可持续发展，推动社会通过自身的改革和创新不断发展。学校教育通过将健康的、可持续的文化观念融入教育教学活动中，培养出数以亿计的各行各业的优秀人才，当这些未来的职业人认同并主动践行现代职业精神文化理念时，学校教育便自然承担起引领传承现代职业精神的任务。

（三）学校教育传承现代职业精神的教育要求

在我国现有的精神教育实践中，一般情况下是以精神来适应教育，甚至更确切地说是以精神来适应教学活动，而且更多的是去适应知识教学。各级各类教育中无不提出了对学生主体的精神关怀，然而具体到教学实践中，却与智育的培养几乎没有差别，精神教育实质上表现为知识教学。精神教育的实施当然要适应教育的一般进程和规律，但更重要的是，精神教育要适应精神生成的规律，按照精神生成的内在机制来安排教育活动。从教育目标来看，职业精神教育需要确立一种富有张力的思想和一种长远的眼光，对人的主体性培育、工作世界的营造和精神信念的重塑应给出一种令人信服和满意的"说法"。同时，生成性的职业精神目标是一种内生的、"本原性"的目标，不再是僵化的、过于理想化和规范化的"纯高要求"，而是有意义的路标式的引领，在这种引领中达到"知、情、意、行"的统一。从教育内容来看，职业精神教育反对"预成式"的、单纯为完成职业任务而要求受教育者无条件接受和认同的、只强调"他组织性"的"内容限定"，而是要在教育双方互动的职业活动基础上，不断赋予教育内容以动态性和生长性的内涵，从而达到"他组织性"和"自组织性"的有机统一。从教育过程来看，"任何人都不能被灌输或施加条件来诚实地说话或公正地判决，因为实施这些美德都要求一种自觉意识和自由选择的品质"①，一种类似于强制性、武断性的"布道"过程，难以引起受教育者心灵上的共鸣。因此，教育主体职业精神自觉的养成和职业精神素养的形成，要求职业精神教育过程具有与知识教育不同的特征，即职业认同的形成需要诉诸受教育者在学与用中，对于所学和所用的知识与技能价值的一种亲身体验，需要在教育过程的各个环节都能让受教育者获得职业行为的角色感受，获得职业情感、职业态度的心灵触碰，从而在活生生的职业教育情境中养成职业品行。

我国学校教育能否胜任孕育与传承现代职业精神的使命，主要取决于它是否满足三个条件。其一，确立培育学习者职业自由意志的教育目标。"社会精神"与"工业文明"的联姻，源自时代的"问题"话语。路德领导的"宗教改革"挑战传统神学权威，恢复了信仰的权威，促进了个人的思想和经济活动自由。加尔文的"勤奋、忠诚、敬业，视获取财富为上帝赋予使命"的新教伦理，促成了近代资本主义精神。新教伦理反映了资本主义生产生活秩序和规范，蕴含着巨大的精神力量。然而，

---

① ［美］詹姆斯·麦克莱伦：《教育哲学》，324～325 页，北京，生活·读书·新知三联书店，1988。

"当竭尽天职已不再与精神和文化的最高价值发生直接联系的时候，或者，从另一方面说，当天职观念已转化为经济冲动，从而也就不再感受到了的时候，一般地讲，个人也就根本不会再试图找什么理由为之辩护了"①。在现代与后现代、全球化与地域化、儒家文明与西方文明、能源与政治、环境与发展、和谐与冲突等种种学术的、社会的抑或政治的主题纷争中，亟待重新唤醒同情、责任、正义、和谐的文化价值之于职业精神的意义。因此，基于人类物质欲望的无限膨胀，培育职业活动过程及其结果的精神意义的自觉，应成为学校教育人才培养质量规格预期的应有之义。其二，构建符合职业精神教育规律的"活动—体验"教育模式。职业精神既非说教，也非诉求；既不是道德劝诫，也不是逻辑推理。职业精神只有通过内心的体验同世界发生联系，但它不是世界之外的遐想，它要想获得自己的内容，并使其外部表现形式适合于这种内容，就必须以人类实践和活动为基础。因此，职业精神是行动的力量和对生命的诠释，它在时间中经过艰苦的历程，征服"异己"，化为"自己"，以此"充实"自己，从而使人从"存在的感觉"走向"存在的担当"。职业精神的培育是"事中悟""做中育"，构建"活动—体验"的教育模式恰恰对接职业精神培育的要求。其三，营造与职业精神共生的校园环境。精神的传承不仅要让人去认识和了解，更要全方位地融入自身的生活方式中，所以学校教育中的职业精神传承问题不只是学校教育的目标和内容问题，更是学校环境的熏陶问题。校园是师生工作和学习的环境，它成为影响教师工作效率和学生学习效果的综合性教育的文化场域。一方面，师生共同建构校园环境，使校园的各种物质设施成为职业精神传承的符号，体现浓郁的职业文化氛围；另一方面，发挥校园环境的教育功能。学校教育在教学过程和实践活动中，创造出体现现代职业精神的先进的生产技术知识、生产行为准则等，借助教学、实习、培训、服务等活动逐渐地传播和渗透到社会领域，进而在一定程度上成为社会成员所仿效和遵守的规范标准，成为社会行为的重要向导。

二、企业参与：现代职业精神有效传承的重要举措

（一）学校教育与企业互动的必要性与可能性

互动是在共同生产和生活中进行的一种自发性的交流互补行为，是两种或两种以上的文化要素相互作用和影响，从而互相渗透和融合成为一个有机整体的过程。根据互动理论的前提假设，就职业精神的培育而言，学校教育与企业的互动要得以实现，必须满足以下两个条件。

一是两个主体之间有发生相互依赖性行为的必要性。职业精神的培育当然离不开学校教育，但通过这种教育所内化的职业精神，至多只能说是一种"观念"的精神，而职业精神是与职业活动紧密联系的，因此，这种"观念"的精神还需在外化中得到客观的体现和确证，增强职业认知、职业情感、职业意志等，才能凝聚为个体

---

① [德]马克斯·韦伯：《新教伦理与资本主义精神》，104 页，西安，陕西师范大学出版社，2006。

的职业行为习惯，从而形成个性的职业品质。"在知道该怎样行动和习惯的行为之间存在矛盾，在它们之间有道小小的沟，需要用实践把这道沟填平。"①企业的参与不仅可以提供学生职业精神培育的实践平台，而且企业在其成长过程中都会形成自己独特的企业精神，它以作业现场的看板、标语、生产设备的摆放与维护保养、员工的工作态度等有形和无形的东西体现在企业生产经营的方方面面、时时刻刻。这些优秀的企业精神元素对学生的影响是全方位、潜移默化的，其教育效果往往是学校高强度的理论教育难以企及的。

二是两个主体之间有发生相互依赖行为的可能性。尽管学校文化与企业文化具有本质不同的文化意识，两者也并没有实现真正的互动交流，但就学校和企业文化各自的教育优势而言，强调校企文化的互动，具有更好地履行职业精神传承责任的时代意义和社会价值。就学校而言，教育的目的是为社会培养追寻崇高职业理想和积极践行职业责任的人才；就企业而言，竞争的资本是拥有具备良好职业素养的员工；就学生本身而言，能否符合企业乃至社会的需要，还有待于在实践中得以检验。学校、企业、学生三方的价值需求，为校企合作共同开展职业精神教育提供了相互依赖的内在需求和可能性。同时，职业精神教育有利于校企的深度合作，因为教育过程要求校企合作不能仅仅是简单物态的合作，更重要的是校企之间精神的融通和理念的契合。

(二)学校教育与企业互动的要素与内容

1. 学校教育与企业互动的要素

(1)职业价值观

职业价值观是指个人对职业及其职业行为结果意义的总体评价，是推动并指引个人采取职业决定和行动的原则和标准。职业教育的对象是世界观、人生观和价值观处于关键形成期的"准职业人"，迫切需要引导其树立远大的职业理想，建立正确的工作价值观，培养学生具有敬业爱岗、诚实守信、吃苦耐劳、合作创新等良好的职业道德品质。职业教育人才培养目标的实现，自然离不开企业的参与。校企合作不仅能够为学校教育提供优质的实习实训条件，更能不断更新教学内容，提供富有实践经验的指导教师，最重要的是，能够带来富有时代气息的新视野、新思路，从而为职业精神教育的开展提供丰富鲜活的实践滋养。

(2)职业规范体系

规范是指组织或群体所确立的行为标准，是保障组织或群体运行的潜在约束机制。联合国教科文组织1972年出版的《学会生存——教育世界的今天和明天》一书曾指出，许多工业体系中的新管理规范程序，都可以实际应用于教育。对于职业教育而言，其目的是为各行各业培养合格的职业人才，这就意味着学生不但需要具有过硬的专业技能，而且还必须具备企业对员工所要求的基本素养。这种素养往往是

---

① 吴式颖，等：《马卡连柯教育文集》，184 页，北京，人民教育出版社，2005。

企业规范的一种内化和践行，因此，职业院校在培养学生的教育过程中，引进先进的企业管理理念来规范学生的行为，使学生形成良好的职业习惯，促使学生向现代企业员工转型，提高学生的就业能力和拓展学生的发展空间。

2. 学校教育与行业企业互动的内容

（1）校企合作夯实职业精神培育的理论平台

目前，对于学校教育而言，职业精神教育主要依托于《思想道德修养与法律基础》和《就业指导》两门课程的常规教学，并没有以职业精神教育为主题的专门统一的课程教学计划和课程标准，也没有统一的教材，教学安排往往集中在学生毕业前的最后一个学期，成为学校提升就业率的应对策略。针对职业精神教育的现状，学校必须从理论层面上系统设计其教育教学过程，真正提高学生践行职业精神的自觉性和主动性。第一，学校要与企业共同开发职业精神培育的课程内容。课程要联系学生所学专业进行职业渗透，将职业精神理论和实践紧密结合，将教学目标同企业对员工的基本素质要求紧密结合，开发具有专业特色的职业精神教育内容。第二，学校要扩大职业精神培育的教育主体。校内要从两课教师、就业指导课教师，扩展到所有教师，包括专业课教师、专兼职辅导员等；校外要从企业的实习指导老师扩展到优秀企业家、技术能手、杰出校友等，组成职业精神教育者联盟，形成多层面的教育影响。第三，学校要改革以课堂教学为中心的传统教学方式，重视实践教学。职业精神培育是一种体验的过程，如主题活动、实习实训活动等，更有利于启迪学生对职业精神的领悟和内化，并在活动中外化为行为，进而强化学生对职业精神的实践自觉。

（2）校企合作架设职业精神培育的实践平台

学校应该充分有效地利用合作企业的资源，与企业合作办学、合作育人、合作就业、合作发展，这有利于学生在实践的基础上理解职业精神，在融入企业的过程中践行职业精神。第一，制订实践教学计划。学生专业实习实训的实践教学计划相对比较完备，但是对于学生职业精神方面的培养计划则基本空白。学校要更新教育理念，及时把学生职业精神培育的内容列入实践教学的计划之中。第二，丰富社会实践活动。邀请企业管理人员介绍企业文化和企业管理制度，对学生进行实习实训培训；邀请企业的优秀员工给学生做专题讲座，与学生交流工作经验，促进学生的榜样学习；邀请企业联合开展生产与设计比赛，鼓励学生参与企业产品创新等。通过这些实践活动，学生可以直接接触到即将从事行业职业精神的具体要求，加深对职业精神的理解并在潜移默化中内化为自身的职业素质。第三，规范实习实训纪律。实习实训既是训练职业能力，更是培育职业精神的重要载体。在学生实习实训期间，如果放松管理、放任自流，无论是职业能力还是职业精神，其培育都会受到负面影响，达不到预期的效果。因此，学校应与企业共同商讨建立严格的实习实训制度，结合不同的专业和企业不同岗位的要求制定出适合本专业学生实习实训的具体规范，在实习实训中使学生能够把这些规范养成习惯进而内化为自身的职业素养。

(3)校企合作营造职业精神培育的文化平台

企业文化进校园，是营造有利于职业精神培育文化平台的重要基础。首先，以校企物质文化对接为基础，建设职业精神培育硬件。物质文化是校园文化建设的亮点，在物质文化建设上要突出"职"的特点，加强实习实训基地的现代化建设。其次，以校企精神文化互动为重点，营造职业精神培育氛围。企业所倡导的诚信、责任、协作、创新等职业精神要素渗透到校风校训等核心校园文化之中，实现校园文化建设与企业精神文化的相互融合。最后，以校企制度文化互动为抓手，完善职业精神培育体系。学校要实行与企业接轨的实习实训管理制度，在学校制度、课堂纪律、学生的行为举止等方面严格要求，让学生在学校时刻接受企业文化的熏陶和感染。

小 结

"职业精神培育主体"是第三章探究的核心问题。围绕这一核心问题，其研究思路是从历史的视角，梳理职业精神传承的途径及形式，探究职业精神传承的现代实现，从而为确立校企合作的职业精神培育主体提供依据。

本章主要分为两部分内容。首先，梳理了职业精神传承的途径及其形式。职业精神的传承主要包括三种途径，分别为劳动和生活过程、企业生产和培训过程以及学校教育。传承的形式则体现为心理传承、文本传承和媒体传承。其中心理传承是各种传承形式的核心和中枢；而对于像我国这样有着完整的历史和统一的文字工具的国家来说，文字记载和书面叙事成了职业精神重要的传承形式；随着数字化、多媒体和网络化等最新技术的发展，新媒体则日益被看作"最具传承效应的社会形式之一"。

其次，论述了现代职业精神传承的教育选择。一方面从"职业精神是学校育人的重要使命""职业精神的现代迷失呼唤学校教育的精神引领"两个视角提出了"学校教育是现代职业精神传承的基本途径"，并进一步明确了学校教育传承职业精神的教育要求。另一方面，呼应这一教育要求，提出"企业参与是现代职业精神有效传承的重要举措"，主要从"学校教育与企业互动的必要性与可能性"和"学校教育与企业互动的要素与内容"两个方面，论述校企合作培育学生职业精神的过程，即从"两个主体之间有发生相互依赖性行为的必要性和可能性"的条件入手，探讨了校企在"职业价值观"和"职业规范体系"两个方面的要素互动以及在"理论平台""实践平台"和"文化平台"三个方面的内容互动。

第四章

职业精神培育理论

"如何培育职业精神"是本章研究的核心问题。研究在"培育什么—由谁培育—如何培育"的实践脉络中，通过对职业精神内涵及其结构的分析为职业精神培育奠定了目标依据，通过对现代职业精神培育主体的探究为职业精神培育提供了组织保证。本章在明晰职业精神"培育什么"和"由谁培育"的基础上，按照职业精神生成、传播和人才培育的规律，结合职业教育的教育类型特色，在理念、内容、方法、师生关系等方面探讨职业精神"如何培育"的过程，构建职业教育职业精神培育理论。

第一节　确立"人事合一"的职业精神培育理念

一、人：职业精神培育的内在目的

"人事合一"是指"人"在"事"中的意义生成，"人"通过"事"实现人之自由精神的理性追求，"事以载人"是"人事合一"的本质。"人事合一"中的"人"是指现实生活中实实在在存在的、能够进行创造性劳动且不断自我完善和发展的"有生命的个人"，是马克思人学观中通过实践而达到主客体相统一的一种生成性的存在的"现实的人"。这种人是"任何哲学家都无权构造而必须描述的一个实在的人。任何所谓关于人的定义，当它们不是依据我们关于人的经验并被这种经验所确证时，都不过是空洞的思辨而已。要认识人，除去了解人的生活和行为以外，就没有什么其他途径了"[①]"只有当对象对人来说成为人的对象或者说成为对象性的人的时候，人才不致

---

① ［德］恩斯特·卡西尔：《人论》，16页，上海，上海译文出版社，1985。

在自己的对象中丧失自身"①，因此，职业精神培育的内在目的在于实现"学生的精神追求与职业要求的合一"，不断推动学习者与其学习对象不可分割地融合在一起，主体全身心投入客体之中，客体也以"完满"的意义与主体不断生成新的关系，从而使学习者感受到生命意义的完整性，这也正是教育的价值所在，即人是教育的根本目的。职业精神教育的意义就在于实现职业精神价值引导与职业精神主体自主建构实现统一的教育达成，是职业教育定向人才培养精神境界追求的教育至境。对于职业教育来说，职业精神教育不再是一个更高的教育期望，而是培养具有完整人格的现代职业人的根本教育要求。

二、事：职业精神培育的外在载体

"事"是"人事合一"教育理念的载体。早在《易经》中就已经提出"开物成务"。无此物，创此物，是为"开物"；无此事，成此事，是为"成务"②。在旧石器时代、新时期时代、铜器时代、铁器时代等，"开物"成为教育经验传递的媒介，古人在"开物"中展示了人类的智慧和物质运用的能力；而从渔猎社会、畜牧社会、耕稼社会开始，"成务"则成为人类生存的手段，尤其在现代社会——一个技术进步与人类生存愈益密切的时代，教育的人才培养过程越来越重视"事"的技术层面的现代化，"事"浓缩着现代技术发展的背景，汇聚着技术变迁的先进成果，学生置身其中、参与其中，拓展了物质技术的空间，掌握了技术的流程与使用，然而"对对象、现实、感性，只是从客观的或者直观的形式去理解和体验，而不是把它们当作感性的人的活动，当作实践去理解和体验，不是从主体方面去理解和体验"③，学生自身逐渐"成为一种纯粹的技术性对象：被缩减、被拉平、被训练，以使他们最终作为巨大的技术机器中的组成部分而发挥作用"④，"人的人格、价值和主体性被吞噬"⑤。因此，"人事合一"中的"事"是指建立在马克思关于完整的人的学说理论基础上的感性实践活动，应以人的完善程度为尺度，自觉生成与重建生存的意义世界，并回归与依托形而下的经验世界，实现形上关怀和形下实践的契合。本研究中的"事"主要指职业教育中学生职业精神培育的主要载体——主题人文活动和专题实习实训活动。活动的设计越贴合于人性，或者越与生活世界所要求的目的接近，学生所获得的职业能力就越具有教育的意义。如果"事"的目的仅限于职业能力的技术工具特性，而不考虑"人是目的"的教育真谛，学生由此获得的职业能力最终就将成为奴役其自身的枷锁。当然，这并不意味着放弃技术——经济标准，而是呼吁教育从作为目的的人的内在素质出发，用"人"的意义和人本身来思考"事"的根本目的所在。

---

① ［德］马克思：《1844 年经济学哲学手稿》，86 页，北京，人民出版社，2000。

② 钱穆：《中国历史精神》，139 页，北京，九州出版社，2012。

③ 《马克思恩格斯文集（第一卷）》，49 页，北京，人民出版社，2009。

④ ［荷兰］E·舒尔曼：《科技文明与人类未来——在哲学深层的挑战》，314 页，北京，东方出版社，1995。

⑤ 孙美堂：《文化价值论》，188 页，昆明，云南人民出版社，2005。

三、职业精神形成于"人事合一"的过程

职业精神的生成无法离开"成人"与"成事"的过程，这不仅在于精神生成以"成人"与"成事"为指向，而且表现在它本身形成于"人事合一"的过程。"人事合一"职业精神培育理念的确立，正是职业教育通过启迪人自身对职业的觉解赋予职业更高的精神意义，由"成事"的职业能力之径通向"成人"的自由精神之境。

(一)职业教育"成人""成事"的三重境界

境界是经人"觉解"而形成的一种意义世界。冯友兰认为，所谓意义是与人的主体性即"觉解"密切相关的，"解是了解，觉是自觉。人做某事，了解某事是怎么一回事，此是了解，此是解；他于做某事时，自觉其是做某事，此是自觉，此是觉"①。也就是说，人在从事具体活动时，指向对象的理解与自我反省意识的统一，便是觉解。觉解作为人的存在之维，不同程度的觉解，展开为不同境界的意义世界。而教育恰恰是要引导受教育者对意义世界的觉解与建构，"教育的归趣，亦可谓'觉'境的求达"②。就职业教育而言，"成人""成事"的过程表现为职业能力、职业道德和职业精神三重境界的内在价值意义。

职业能力展示的意义涉及"是什么"的追问，即职业能力将职业世界纳入有序的构架，它的表述提出了学习者的一种确定的认知结构图像，使之能够为人所理解和掌握，并由此构成了职业活动可以展开的前提。比如，德国职业能力的基本结构包括基本职业能力和综合职业能力(关键能力)两个层面，每一层面又包括专业能力、方法能力和社会能力三部分内容，每一部分内容都有详细的规定和要求。这意味着通过对这些职业能力的把握，受教育者便可以达到从事职业活动的客观要求，从而获得谋生的技能。目前我国职业教育的着力点主要在这一层面，职业能力本位观恰恰迎合了"市场需求，就业导向"的职业教育的价值取向，因此也成为我国职业教育现实存在和发展的主导理念。

职业道德则以主体的价值观念为内容，展现的是"意味着什么"的评价过程。从把握职业世界的方式看，单纯的职业能力并没有包括职业的全部规定：它略去了职业所涉及的多重关系以及关系所赋予职业的多重规定。作为人所理解和从事的职业，它无疑更多地表现为在不同视域下，职业对人"意味着什么"，后者进一步将职业的意义世界引向价值之域，具体地指向人与职业的价值关系。实质上，职业对人呈现何种价值意义，与道德主体具有何种职业理想、接受何种价值原则往往难以分离。比如，公正、诚信、责任等社会共同的职业道德规范，反映和凝聚了职业活动中具有全局性的社会关系的本质，这种普遍性使它所赋予职业的意义具有了个体间的开放性，意味着具有普遍内容的职业道德意识可以为不同的个体所共同理解、认同和接受，这也为职业教育走向职业道德境界提供了教育的依据。从现实过程来

---

① 冯友兰：《贞元六书》，525～526 页，上海，华东师范大学出版社，1996。

② 喻立森：《教育科学研究通论》，1～5 页，福州，福建教育出版社，2001。

看，确立职业道德观，已经成为职业教育认同和倡导的理念，只是目前传统的职业道德教育模式，抑或是校企合作的职业道德教育模式，都没有从根本上解决职业教育人才培养过程中"能力训练"和"道德培养"的两难问题，在师资、课程、实施等方面依然呈现出"强调职业能力培养对职业教育发展的首要性"与"提升道德境界对职业教育育人的本质要求与意义"的二元对立局面。这种对立局面的消融，需要职业教育确立一种从内在尺度把握职业世界的能力：由职业反观人自身的存在，由职业意义的追问进而导向对人自身存在意义的关切。

在职业世界中，作为价值呈现与价值赋予的统一，职业能力与职业道德的意义更直接地涉及对象：无论职业对人要求着什么，抑或职业对人意味着什么，首先都关乎对象所具有的意义，而职业精神境界则从价值的目的之维展现了职业"应当是什么"的自我反思。职业"应当是什么"的追问体现的不仅仅是对职业价值的判断，更主要的是对职业价值世界的构建，是以"应当承担什么"为内涵的使命意识，更多地从人的责任、人的义务这一维度表现了对自身存在意义的关切。事实上，正是责任与义务使人超越了生存之域的有限目的，而在社会历史的层面体现了人之为人的本质。职业精神境界正是以"应当是什么"所体现的职业理想意识与"应当承担什么"所内含的职业责任意识为核心，从理想之维赋予人自身存在的内在意义，从使命之维使人从存在形态和存在方式上超越了有限的生存目的，展现了人的存在意义。因此，职业教育人才培养的教育理念提升到职业精神的层面，是对人的主体性培育、职业世界精神信念重塑的有意义的路标式的引领，在这种引领中达到"职业能力、职业道德与人性发展的方向统一"，避免职业异化为外在的手段和工具。同时，职业精神在融入现实职业活动的过程中，超越了抽象化与玄虚化，基于人自身存在向度的职业能力和职业道德的发展，进一步丰富职业精神的价值内涵。职业教育的三重境界在职业实践的互动过程中，不断获得统一的形态，使人的各种可能性向人自身无限地敞开，使人能够摆脱"职业"束缚与"自我"束缚，自由地把握职业对象和自身。

(二)"人事合一"的现代职业教育意蕴

1. 培育"用心"的现代职业人：职业教育的根本使命

培育"用心"的现代职业人，正是职业教育结合自身的教育类型特色，依据"人事合一"的职业精神培育理念，对职业教育人才培养目标的诠释——通过启迪"人"自身对职业("事")的"用心"赋予职业更高的精神意义，使"人"由职业之途到达精神之境。实质上，"用心"是现代职业人对自己"应当做什么事"和"如何好好做事"的理性自觉，是现代职业人职业精神在职业中的完美体现，包括对工作本身积极主动的态度、对工作过程和结果的责任意识、对工作社会价值和主体意义的认同等。

培育"用心"的现代职业人，最终是要实现人的自由发展。因此，如何正确理解真正的自由，是培育"用心"之人的前提。人类的真正自由可以归结为在一个普遍理性的层面上驾驭欲望，当然也包含满足欲望，但跟动物的满足欲望不一样，它不是临时性的满足，而是在一种普遍理性的层面上，有计划、有步骤地驾驭人的欲望，规划人的欲望，并且通过克制欲望更大地满足欲望，所谓普遍的理性实质上就是意味着人类对自身的终极关怀。综观工业文明发展史，在前技术阶段，人类尊崇万物有灵论，人与万物和谐共存；人类历史文化重要的文艺复兴运动唤醒了人类对自身的尊重，认为人是现实生活的创造者和主人，肯定人的价值和尊严，这对于人性的解放无疑是巨大的进步。以马丁·路德为代表的宗教改革运动更是从信仰的高度重新诠释了劳动的价值，使人类可以高举着信仰的大旗，反复强化着"人定胜天"的理念，对自然进行无休止地征服和控制，使得被彻底启蒙的世界却笼罩在一片因胜利而招致的灾难之中。启蒙造成了人对自然的奴役和人的自我奴役。因为人类在不断强制解蔽技术的过程中，失去了对自然的敬畏，失去了对人类自身的终极关怀，人类在对科技理性崇拜的过程中，人类自身成了理性并不完整的人。人类的真正自由意味着人类必须认识到：在面对现代技术文明更困难的问题是我们如何照管和处理这份历史的馈赠。它可能被消耗掉；它可能会得以保存；它甚至也可能升值。其关键是人类的自由发展要建立在人类如何负责任处理和管理工业文明的发展成果之上。自由是以责任为前提的自由①。

因此，职业教育不仅要培养学生的职业能力，而且要培育学生的职业精神，不仅要教会学生"做事"，而且要让学生了解"做对事""做好事"的前提是"用心"。培育"用心"的现代职业人，实质上就是培养"自由而负责任的人"：不在于为自身设定一种终极完美的理想目标，而在于对人类自身的活动和理性进行不断地反思，形成一种自觉的批判意识和超越意识，使人类对自身的认识更加自觉和全面。

2. 承担"孕育与传播绿色工业文化"之事：职业教育的社会责任

改革开放以来，我国工业化重蹈西方发达国家工业化覆辙，走入发展经济与污染环境并行的怪圈。雾霾天气、地下水污染、重金属侵蚀耕地等生态问题已成为危及我国国民生存质量的重大问题，生态与环境保护成为我国政治生活和公众关注的热点，成为党和国家领导忧虑的焦点。"建设生态文明，是关乎人民福祉、关乎民族未来的长远大计。……把生态文明建设放在突出地位，融入经济建设、政治建设、文化建设、社会建设各方面和全过程，努力建设美丽中国，实现中华民族永续发展"②，生态文明建设和环境保护成为各项提案和议案的中心话题，呼吁"全社会同心协力，为我们自己，为子孙后代留下一片可以成为美丽中国标识的蔚蓝天空"。这揭示出我国工业化进程应承担对公众终极关怀责任的必然性和必要性，展现了社会各界精英和相关学者已经开始对生活在其中的、由技术构造的"灰色工业文化"进行批判的生态自由意志的觉醒。然而，社会精英和相关学者所展现的理性之光转变

---

① 文静、薛栋：《技术哲学"经验转向"与中国职业教育发展》，载《教育研究》，2013(8)。

② 胡锦涛：《坚定不移沿着中国特色社会主义道路前进，为全面建成小康社会而奋斗——在中国共产党第十八次全国代表大会上的报告》，29页，北京，人民出版社，2012。

为公众生态道德的实践智慧之路径何在？教育，尤其是与工业发展息息相关的职业教育应该承担怎样的责任并如何发挥其正能量却悬而未决。

孕育与传播绿色工业文化是教育尤其是现代职业教育的使命。绿色工业文化体现后工业时代"可持续发展"的生态伦理观，蕴含着发展工业对自然界"善"的诉求和对人类的终极关怀，是对工业文化的超越。绿色工业文化理念承认自然的内在价值，反映工业化对人类个体的终极关怀，成为绿色工业文明的灵魂。绿色工业理念指导的工业化旨在帮助人类改变高能耗、高污染的"灰色"工业生产方式，发展新型的"绿色"工业。绿色工业理念的创生不能依赖追求经济利益的工业体系本身，而应通过职业教育过程人为的生成。职业教育作为社会分工的特殊行业，其使命在于使学生具备胜任社会角色尤其是职业角色的能力和素质，体现理想的职业人格追求，以及职业角色必须认同的职业文化和应该体现的职业精神①。职业教育通过培养认同绿色工业文化的生产和管理一线的技术技能人才，使他们将绿色工业文化理念融入生产过程，从而承担起孕育与传播绿色工业文化、建设美丽中国的社会责任。

因此，我们需要在职业教育中渗透一种观念：职业教育与现代工业发展的价值问题密切相关；应当教育学生尽可能负责任地和尽可能合理地做出决定并付之于生产生活实践中，然后才能期望有一个实现类主体生存意义的美好未来。同时，职业教育应该以一种人类的情怀回溯与前瞻人类技术文明的漫漫征程，从追求人类自由、解放和幸福的视角，重新审视人与自然的关系，将基于主客二元对立的认识关系以及在此基础上的实践关系，复归到更高意义上的艺术审美关系，因为"人懂得按照任何一个种的尺度来进行生产，并且懂得处处都把内在的尺度运用于对象；因此，人也按照美的规律来构造"。②"孕育与传播绿色工业文化"意味着职业教育对于职业精神的理性追求首先要从"自然"的束缚中获得"自由"，通过培养认同绿色工业文化、具有"生态人格"的生产管理一线管理人员和技术技能型人才，将生态文化理念融入生产过程，推动绿色工业文化进程。

第二节　构建"活动—体验"的职业精神培育模式

一、"活动—体验"的职业精神培育模式的意蕴

在汉语中，"模式"被界定为"某种事物的标准形式或者使人可以照着做的标准样式"③。在英语中，"模式"（model）一词源于拉丁语 modulus，翻译为"模型""范

---

① 肖凤翔、所静：《职业及其对教育的规定性》，载《天津大学学报（社会科学版）》，2011(5)。
② ［德］马克思：《1844年经济学哲学手稿》，58页，北京，人民出版社，2000。
③ 张忠华：《教育学原理》，358页，上海，上海世界图书出版公司，2012。

例""典型"等意思，一般是指被研究对象在理论上简化了的结构形式。"活动—体验"的职业精神培育模式是指在"人事合一"的培育理念指导下建立起来的较为稳定的教育活动结构框架和活动程序。其具体内涵包括以下两个方面。

（一）活动基于工作世界并联系社会生活

生活世界是个体经验生长的家园。工作世界构成生活世界的重要部分，它是职业院校学生学习经验生长的家园。工作世界是实践理性的世界，是"由知觉实际地被给予的、被经验的、并且是能够被经验到的世界"①，是与学者所理解和描述的科学世界不同的"非科学概念化的"、平凡的世界，它传承着职业知识、技能，生成着工业的文化、价值、伦理和个人的主体精神，是孕育职业精神的母体。正因为职业精神作为一种实践精神，是直接指向工作世界的一种意识，因此教育活动的选择要与工作世界结合在一起，体现工作情景的特征。需要指出的是，基于工作世界不仅是指真实的工作场域，而是泛指教育过程蕴含的职业情景的意义。

人是生活者，是生活的主体。生活是一个美妙的字眼，它是对人的存在方式的一种最为关切、最为明了的概括。人从事任何一项职业，最终都是为了追寻美好的生活。因此，教育活动的选择要与社会生活紧密联系。一方面，在考虑学生经验的基础上，选择与社会生活贴近的工作经验作为教育活动的内容。另一方面，教育活动又对社会生活与职业活动的重新融合负有责任。通过教育活动，学生应最终理解职业活动服务社会生活的真谛，从而在未来的职业发展中将职业活动重新引回日常生活世界。

（二）在"理解—体验"中感悟工作意义

"理解—体验"区别于纯理性的"认识"（认知）或纯情感的"感染"，有其独特的意义。"理解—体验"的独特意义主要包括两个方面。一方面，它是对人而言的，不是对物而言的。对于物与物性，我们运用"认知"，对于人和人性用的是"理解—体验"。狄尔泰首先用"理解—体验"一词来区分物性与人性的把握，强调指出人的"理解—体验"过程是人调动起全部精神因素，以期全面、完整地把握被理解和体验的对象或把握自我的精神、意义与价值的过程。它不是一种简单的、理智上的辨别力，而是我们认识自己和自己所创造的社会和历史的能力②。另一方面，这里所指的人，主要不是指人的物性方面。人有物性的特征，如人的生理、身体，以及其中所包含的各种生物学、化学、物理学等因素。对于人的物性，我们可以通过生理学、医学、生物化学、生物物理学等去认知。但人除了物性之外，还有精神层面的存在；除了现实存在的一切外，还有对于尚不存在的、还不是现实的东西的追求，如动机、理想、期望等；人除了生活在物质世界之外，还生存于一种意义世界之中。对于以上这种人所特有的精神与意义绝不能用物性的方法去认识。因为通过科

---

① ［德］埃德蒙德·胡塞尔：《生活世界现象学》，64 页，上海，上海译文出版社，2005。
② 谢地坤：《走向精神科学之路——狄尔泰哲学思想研究》，83 页，南京，江苏人民出版社，2008。

学的认知，我们所能获得的只是一种现实存在着的、客观的、可靠的、精确的认知，但是科学的认识与知识却不能回答人的精神存在、人生的意义与价值、人与自然、人与人之间的意义关联等问题，这些问题只能靠"理解—体验"才能把握。因此，基于工作世界并联系社会生活的教育活动，只有通过"理解—体验"的学习方式才能感悟工作的意义和价值。

同时，"理解—体验"行为是有层次性的，从对语言和符号的感知，到对意义或内涵的领会，直至心灵的意会或情感的共鸣，这一过程表明"理解—体验"的能力并非是一种单纯的心理活动，而是包括概念和判断在内的认识对象的过程。只有当被"理解—体验"的对象（职业）对人来说成为人的对象或者说成为对象性的人的时候，人才不至于在自己的对象中丧失自身。因此，职业精神的培育不仅要通过"理解——体验"的学习方式获得，而且具有对职业意义和价值的选择、判断等的"理解—体验"能力，也是职业精神培育的重要内容。

二、"活动—体验"的职业精神培育模式的基本框架

(一)确立职业精神培育目标

所谓职业精神教育目标，是指对教育所要造就的个体在职业精神方面的质量和规格的总的设想或者规定。也就是说，在进行职业精神教育之前，对于要把受教育者培养成具有何种职业精神的人，在观念中所具有的某种预期的结果或者理想的形象。它制约与影响着职业精神教育的全过程，决定着职业精神教育的内容、方法、途径等的选择与确定。

1. 教育目标序列化设计

(1)树立职业榜样，加强职业理想教育

职业院校应充分认识我国结构性失业的现状，并结合国家、社会对人才的现实需求，以及高素质技术技能型人才在经济结构转型和产业升级中所应发挥的重要作用，帮助学生树立正确的成才观和择业观。要让学生真正认识到，当前企业急需具有良好职业素养的生产一线人才，学生选择了职业院校，实际是为自己未来的职业生涯选择了一个广阔的发展空间。学校要不失时机地向学生介绍各行各业的杰出代表，尤其是新时期的技术能手，展现他们在平凡的工作岗位上不平凡的事迹，为学生树立职业榜样，加强职业理想教育。学校要帮助学生处理好"想干什么、能干什么、国家需要干什么"之间的关系，从而使学生树立明确、科学、务实的职业理想。其具体包括三个方面的目标要求。一是正确理解社会经济发展的成就和现状，将自己的职业理想与社会发展相结合，树立"行行出状元"的职业理念。二是了解各行各业职业先进人物的职业成长事迹，体验理想的神圣和伟大，寻找心中的职业榜样。三是结合自身，明确职业奋斗的方向，制定切实可行的职业生涯发展规划；积极面对学习过程中的挫折和困难，为实现职业理想坚定不移。

(2)激发专业兴趣，提升职业情意能力

兴趣作为影响职业活动效率的重要因素之一，不仅能帮助个体充分集中注意

力，而且能激发积极思索和深入探究的热情，自觉排除干扰、克服困难，全力以赴完成任务。学校要注重培养学生对所学专业及未来可能从事职业的兴趣，积极挖掘学生对专业的兴趣点，运用科学的方法，使学生在专业学习过程中体会到热爱的乐趣和成功的自豪，这对于培养学生的职业情意能力具有重要的推进作用。其具体包括三个方面的目标要求。一是促进学生了解自身的职业兴趣，并不断提升和深化以职业兴趣为基础的学习需求动机。二是激发学生热爱职业活动的主观愿望、情感体验，强化移情能力、情感的选择与控制能力等的培养。三是有目的地创设职业情境，有计划地引导学生在处理职业实际问题的过程中获得亲身经验，加强积极主动、锲而不舍的职业意志品质的培养。

（3）创设职业情境，强化职业责任意识

职业教育的教育实践证明，以实践教学为载体，在真实的职业情境中履行职业责任的过程，是培育学生职业责任意识的有效方法。因此，学校要加强实训教学的硬件和软件建设，创设让学生"在做中学""在事中悟"的学习环境，达到"学做合一""人事合一"的教育教学目标。这种方式既能提高学生职业核心技能和解决实际问题的能力，又能提升学生的职业素养，强化学生的职业角色意识，在真实的生产过程中，体验劳动的艰辛与快乐，理解自己应该承担的职业责任和义务，学会自觉服从管理，协调团队合作，寻求发展契机等。其具体包括两个方面的目标要求。一是了解相关行业对应的职业规范基本观念、规范原则、行为模式等，自觉遵守职业规范。二是了解行业发展的前沿，激发勤奋钻研、精益求精的职业行为意向。

2. 具体目标设计的重心问题

职业精神的教育目标是根据职业精神的构成要素以及职业精神的形成规律等制定的，具有一定的稳定性和系统性。但是，由于某一时期社会对职业精神目标要求的侧重性以及职业精神形成的不平衡性等特点，在进行职业精神教育时，也会产生一个根据时代需要而转移的侧重点。目前我国正处在经济结构调整和产业升级的社会转型期，面临着第四次工业革命的挑战，遭遇着生态恶化的威胁等，这些时代的特征必然反映到学校职业精神教育中来。怎样使学校的职业精神教育适应社会转型的要求，更好地培养能够引领社会经济健康持续发展的现代职业人，这不仅必须反映到职业精神教育目标中来，而且还要求目标序列中的某些方面，在一定时期凸显出来，成为职业精神教育所侧重的方面。

（1）第四次工业革命与创新精神

"第四次工业革命"的新概念正在变成新趋势。以美国著名未来学家杰里米·里夫金和英国《经济学人》主笔保罗·麦基里为代表对工业革命进行了重新诠释，他们指出，以英国纺织机械化为标志的第一次工业革命和以福特汽车工厂在 20 世纪初大规模的流水线为标志的第二次工业革命，都深刻地改变了社会，改写了历史，改动了世界的形态；而以"3D"打印机为典型标志的"制造业数位化"为核心的第三次工业革命将世界带入一种建立在互联网和新材料、新能源相结合的新经济发展范式的新工业时代①。前三次工业革命使得人类发展进入了空前繁荣的时代，与此同时，也造成了巨大的能源、资源消耗，付出了巨大的环境代价、生态成本，急剧地扩大了人与自然之间的矛盾。进入 21 世纪，人类面临空前的全球能源与资源危机、全球生态与环境危机、全球气候变化危机的多重挑战，由此引发了第四次工业革命——绿色工业革命，一系列生产函数发生从以自然要素投入为特征，到以绿色要素投入为特征的跃迁，并普及至整个社会。这必将对再生产社会劳动力的质量规格预期提出巨大的挑战，而我国劳动力资源丰富和成本低廉之于制造业的相对优势，也必将逐渐淡出历史舞台。面对"第四次工业革命"的浪潮，职业教育如何启蒙生态自由意志，培养践行绿色工业文化理念的创新型技术技能人才，充分把握第四次工业革命推动工业化给我国带来的机遇，成为新形势下我国职业教育人才培养目标必须重视的内容。

（2）生态危机与责任意识

启蒙运动唤醒了人类的不完全理性即工具理性，其合理性仅限于把自然作为维持生产与消费资料的来源，忽视它维持工业化并支撑人类生存的价值意义。追求资本增值最大化成为工业文明的基本逻辑，它建立在尽可能多的耗费自然资源来维持社会生产和消费的基础上，其根本动因在于人类追求物质欲望的满足。过度生产和消费危及人类的生存环境，严重的生态危机使地球遭遇了严重的动物灭绝。每天有 75 个物种从地球上消失。我国生物物种正以每天新增濒危甚至灭绝物种的数量减少，农作物栽培品种数量正以每年 15％ 的速度递减，濒危植物物种比例高达 15％～20％，濒危物种达 4000～5000 种②。基于人与自然关系对立的非理性生产与消费，培育职业活动过程及其结果的生态意义的自觉，应成为职业院校人才培养质量规格预期的应有之义。生态理性承认自然的内在价值，把人类产业活动纳入生态系统，教育应充分认识到，工业化要受生态系统的制约，人们的生产生活方式是影响生态环境的重要因素。因此，现代职业人的素质，不仅包括胜任工作的理智能力即职业能力，还要充分意识到职业活动的生态意义和工作过程及其结果的生态价值。赋予工业文明以生态价值和意义，用绿色工业理念统摄职业院校课程及教学过程，生成师生生态自由意志，进而形成生态道德责任意识和习惯，推动创新绿色工业先进技术的产生和发展。

（3）市场经济与诚信观念

改革开放以来，在物质利益的驱动下，背信弃义、弄虚作假、行骗欺诈等各种不诚信行为在我国日益滋生蔓延，并逐渐形成一种社会公害，成为制约社会主义市场经济健康发展的巨大隐患。正因为如此，2001 年 10 月 25 日公布的《公民道德建设实施纲要》把诚信作为公民道德规范之一加以确认和重视，并提出培育公民的诚信美德是加强公民道德建设、重建社会诚信的重要内容。现代经济是一种高度发达

---

① 文静、薛栋：《技术哲学"经验转向"与中国职业教育发展》，载《教育研究》，2013(8)。
② 人类正处在恐龙灭绝后的第六次物种大灭绝关头，http：www.uscnlife.cn/web/page/news2561.htm，2011-08-15。

的市场信用经济，市场中的大部分交易都是以信用为中介的交易。所谓信用，是指"一种建立在授信人对受信人偿付信任的基础上，使后者无须付现即可获取商品、服务或货币的能力"①。显然，信用必须有诚信作为价值支持，否则信用就会崩溃，从而使社会的经济秩序遭到破坏。因此，承担着培育数以亿计的社会主义现代化建设的建设者和接班人的现代职业教育，应在教育过程中使学生牢记：诚信是利益追求中所必需的道德遵循。在市场中，每一个参与市场活动的人之间的关系是自由、平等的，因此，彼此有着对等的权利和义务，在诚信方面则应当相互信任，共同履行契约，既要实现自己的权利也要尊重他人的权利，履行自己的义务，使因权利和义务的分离而带来的违约失信的行为受到限制，同时主体因诚信行为使自己的利益得到了更大的实现而去进一步强化诚信行为。

（二）在活动中构建职业精神培育学习经验

1. 建构职业精神培育学习经验的基本原则

（1）活动目的的针对性与超越性统一

第一，职业教育的职业定向性规定活动目的的针对性。职业教育一方面植根于教育的理念，即实现人的全面、可持续发展，另一方面植根于劳动力市场的需求和工作标准，培养学生成为特定工作岗位需要的合格劳动者。所谓的职业定向性，是指某一特定工作岗位所需要的职业能力和职业精神，具有职业分工针对性的特征。职业教育所培养的技术技能型人才，包含着一种职业导向，即某一职业领域从初级工到中级工再到高级工、技师、高级技师，甚至到教授级技师的技能人才的职业发展道路。技术技能人才通过工作活动这一最基本的实践活动，积累技能经验，习得职业规范，完善职业意识，实现职业的不断创新。因此，帮助学生通过实践活动的反复锤炼，从学业走向职业，是职业精神教育的针对性目的。

第二，精神教育的境界追求要求活动目的的超越性。所谓境界是指人对人生意义的理解和追求。精神教育就是进行着对自己生命意义的不断思考和完善，实现着对自己生命的不断超越。超越性是人的精神存在的根本属性，也是人的生命存在的基本生存样态。职业精神教育就是要引导学生在职业世界中不断实现建立精神、修正精神的过程。它包含了人的职业理想、情感模式、思维方式、心理反应等所有的精神内容，体现着一个人在寻求职业的过程中所形成的精神境界。因此，职业精神教育在本质上是一种精神的播种与生产，其目的就是提升人的境界，实现人的境界的超越。职业精神教育的最真切的意义与使命是充分唤醒每一个学生的生命意识，开发每一个学生的生命潜能，增强每一个学生的生命活力，提升每一个学生的生命境界，让每一个学生都能自由地、充分地、最大限度地实现自己的生命价值，让每一个学生的生命之光把世界和人自身照亮。境界超越性原则的实质，是将职业精神教育理解为一种引导学生通过职业之途自我超越的教育活动，是一种引导学生超越

---

① 杨秀香：《诚信：从传统社会转向市场社会》，载《道德与文明》，2002(4)。

有限追求无限、超越现实追求理想、超越技能追求精神升华的教育过程。

(2)活动过程的阶段性与连续性统一

第一，职业教育的三年学制规定活动过程的阶段性。目前，我国高等职业教育的学制年限规定为三年，学生要经历三个学年循序渐进的培养，其职业精神的形成和发展也是一个不断深化的过程，呈现出阶段性的特征。职业精神发展的阶段性特征，不仅表现为阶段与阶段之间的数量上的变化，如对职业规范认知的增加或减少，而且表现为发展水平上的区别、整体结构上的区别和阶段中心问题的区别。阶段与阶段之间的联系既有连续性的一面，又有非连续性的一面，每一阶段总有一部分新的特征产生；又有一部分原有特征淡化或被改造，或由原先的中心地位转化为基础性地位；还有一部分在上一阶段发展的基础上继续成长。因此，结合职业教育的学制特点和职业精神的生成规律，活动内容的过程安排要呈现阶段性特征。需要指出的是，阶段性并不代表着职业精神所包含要素的分解，而是指形成职业精神的载体—教育内容的阶段性特征。每一阶段的教育内容，通过系列"主题"或者"项目"的教学过程与任务的解决，赋予阶段性一定的"完整"意义。因此，从这个意义上说，阶段性也是一个完整的过程，职业精神教育内容应该贯穿在职业教育的三个学年，通过一个个完整的阶段性"专题"或者"项目"任务，保证学生在系列问题解决中实现教育目标。

第二，"职业经验的完整性"要求活动过程具有连续性。职业经验的学习是一种复杂的身心汇通、情理交融、知行统一的活动过程，是体现着生命整体性特征的意义学习。在"那些活动的过程中，通过连续的活动，产生一种朝向被感觉为这个进程的最后完成终点被保存和被累积的不断增大的经验意义"[①]，这种意义是一种价值，它成为教育经验领域的目标。这种"经验完整性"的学习意义必然要求一个"整体"连续性的课程内容体系。如果不了解这一点，在关于"阶段性"与"连续性"关系的理解上，就常常会出现"不完整"的阶段性的错误见解。因此，"整体"的连续性是"完整"的阶段性的递进。职业精神教育内容要处理好阶段性与连续性的关系，使职业院校学生在三年不同学习阶段都能获得完整意义上的综合职业素质训练，随着年级的提升，使职业精神教育的学习效果循序渐进、螺旋上升。

(3)活动内容的专业性与审美性统一

第一，职业精神培育的本体性目标规定活动内容具有专业性。职业精神培育的本体性目标，即鲜明地表现为某一职业特有的精神传统和从业者特定的心理素质，是个体精神在职业领域的具体表现，这必然要求职业活动的目标包含达到具体专业领域规范的要求。通过与专业紧密联系的主题活动或者实习实训活动，培养学生的职业角色意识、职业行为习惯等，不仅使学生明确自身在社会职业活动中的自我定位，明确职业是权利与义务的统一体，更要使学生了解不同职业具有各自的特定要

---

① ［美］杜威：《经验与自然》，22页，北京，商务印书馆，1960。

求，职业精神的核心内容因此也会有一定的区别——职业学生所学专业不同，将来从事的职业工作也不同，需要结合不同专业的要求，并以此作为学生的职业精神的教育内容，体现专业性特征。

第二，职业精神培育的主体性目标要求活动内容蕴含审美性。

所谓"内在地借鉴审美精神"来改造职业教育人才培养过程，本身实际上蕴含了审美的本质对于主体精神自由的观照，美的精神或美学精神的实质是主体的自由或超越，"职业精神目标"与"审美目标"在最高意义上的统一就在于人在对象中确证自身对于必然或者命运的超越，寄托了实践主体的自由。因此，职业精神教育过程的审美化主要是指职业教育过程按照美的规律，将美育（主要是艺术）元素作为教育工具去发挥作用，希望通过对教育手段、环境等的美的技术改造愉悦教学双方。当然，这是审美型职业精神教育的重要组成部分，但若仅限于此，审美型职业精神教育最终将沦为一种工具理论或者是职业教育学的新增内容。审美型职业精神教育的生命力就在于其不仅仅是以审美特征去求得职业教育效果的改善，而在于它试图以职业教育美的建立去提升职业教育及其对象的职业精神境界，使职业教育活动本身成为一种人生境界的达成过程，使教育活动的主体实现生命的超越。

2. 学习经验的基本载体

（1）主题人文活动

"主题"的英文 theme一词源于古拉丁语"thema"，最初出现在音乐中，指音乐中的主旋律，是整个音乐的核心。后来其词意发生了泛化，被广泛用于各种活动的创作之中，指活动中所表现出来的中心思想和主要内容。职业院校在职业精神教育过程中，对于各种课程资源只提供内容选择的范围，而不提供具体的内容，人文活动的内容是以"主题"形式表现出来的。也就是说，职业院校的课程资源只是提供了"主题"需要选择的广阔范围，而主题则是课程资源的凝练表现。"主题"是各种具体人文活动的核心问题。

构建以职业精神培育为总主题的人文活动教育体系主要包括以下途径。一是发挥思想政治理论课和形势政策教育课的主渠道作用，推进职业精神教育进教材、进课堂、进头脑，实现职业精神教育与思想政治教育相结合，让学生树立为社会和人民服务的职业理想，切实增强职业精神教育的有效性。加强主题教学，如诚信教育、合作教育等，紧密联系现实社会生活，联系学生对诚信、合作等的现实想法和生活实际，结合职业精神践行中的热点、难点问题开展教学，力争通过主题教学的展开渗透职业精神的教育理念。二是依托《职业素质与职业发展》开展主题人文活动。根据职业精神的构成要素并联系工作实际，将职业精神教育内容分成不同的主题模块，规定具体的学分和学时。该课程中的主题教育内容重在明晰职业精神的内涵及重要性、激发潜在的职业兴趣及职业情感、树立职业榜样、增强"准职业人"的责任意识等内容。三是邀请校内外专家开设相关讲座。组建"职业精神教育"讲师团，向广大师生广泛开展职业精神教育。四是深入发掘各类课程的职业精神教育资源，使广大教师在传授专业知识的过程中注重加强职业精神教育，使学生在学习专业知识的过程中自觉加强职业修养。五是举办职业技能大赛。技能大赛既是职业院校学生展示专业才能的舞台，也是为学生创设生动的职业学习情境，并能在校园形成良好的职业氛围。六是开展社会实践活动。社会实践活动应结合专业，为社会提供专业服务。通过耳濡目染、亲力亲为，渗透职业理想教育和职业服务精神。七是将文体活动融入职业素养主题。演讲、辩论、球赛等文体活动是职业院校主题活动的重要组成部分，通过精心策划主题，设计活动内容，展示专业特色，凝聚班级力量，体现学生对职业发展的认识等。

（2）专题实习实训项目

项目课程起源于 17 世纪，最早诞生于意大利罗马的建筑师学院，当时"项目"的含义，是指学院为了造就优秀的建筑师而开展的各种建造活动（设计房屋、修建运动厂、制造机器等）。18 世纪末，欧洲各国以及美国纷纷设立了职业学校和工业学校，"项目方法"也从欧洲传播到了美国，从建筑业扩展到了工业，"项目方法"的理论也得到了进一步发展。20 世纪初，"设计教学法之父"克伯屈基于杜威的问题教学法，针对问题解决领域，对项目课程进行了系统的理论研究与实验。从 20 世纪 60 至 70 年代开始，随着新实用主义在美国哲学界乃至整个思想界的影响日益增大，项目课程成为各类教育广泛采用的一种教学模式①。

实习实训项目是以项目为载体组织教育经验，并以项目活动为主要学习方式，设计了一系列行动化的学习项目，从而实现与工作世界的直接对接。通过实习实训项目课程把学生带入"工作"之中，使学生受项目课程的引导，逐渐地进入"工作"之中，让"工作"不断地成为"我"的"工作"；而且实习实训项目通常发生于实践共同体中，让学生在发展自我的同时，与他人、环境和谐共处，促进了学生职业能力与职业精神的整合性发展。因此，学生职业精神的培育离不开在工作实践情境中的学习，在实践情境中，学习内容与就业岗位的对接，更容易催生学生的职业意识和角色使命感。

3. 影响学习经验习得的因素

（1）活动的组织结构

为了使外部活动的实施真正实现内化于主体的教育目标，首先要使活动本身的结构清晰。活动目标越明确，步骤越清晰，且合乎教育的逻辑，手段越具体，活动主体越易从结构上把握活动。这样的把握不仅有助于职业学习经验的迁移，而且有助于内在信念情感的形成。然而，仅有活动组织水平的保证还不能实现"由外向内"的转化，另一个重要的条件是活动的隐性意义。活动本身的结构更多的是从心理学意义上科学、客观地反映职业精神发展及其教育的规律。而活动的实施如何纳入一个包含目的、意志、兴趣在内的理想价值系统，并根据特定的理论框架去观照既存

---

① 肖凤翔、薛栋：《建构基于工作世界的高等职业教育项目课程——以机械制图课程为例》，载《职教论坛》，2013(9)。

的职业事实和职业经验，从而提供实践原则，是活动方案计划生成的理论依据。因此，要为职业精神的培育提供一个合理的学习经验活动，就必须结合心理学上的"是"和哲学上的"应当"两种探讨。哲学借助理性的思考赋予活动隐性意义，心理学则使活动的意义纳入一个科学的结构，对于活动的组织结构而言，二者均不可缺少。

（2）主体活动的自主程度。

人对活动的态度，依据主体的自主程度，从低到高可以分为被动应答、自觉适应和主动创造三个等级[①]。第一等级被动应答是人在外界刺激下所做的应答性反应或被动式行为。活动者若持这类态度，在活动过程中注意力只能限于维持动作的完成，不可能对深藏于活动背后的价值意义有所感悟。显而易见，这样的活动不可能对主体的发展产生大的影响。第二等级自觉适应是指活动主体接受并理解了由外界情境或他人引起的活动的任务、要求与意义，从而以积极态度投入到活动中去，在活动中为完成任务调动自己的潜在能力。学校教育比较成功的教学活动大多是使学生处于第二等级状态的活动：任务由教师提出，学生接受任务，以自觉的态度投入到完成任务的活动中去，在完成任务的过程中得到发展。最高等级是主动创造。这一等级与前两个等级的最大差别在于，活动主体的自觉自主的探索性与创造性行为。活动主体自己提出活动目标与任务，主动寻求解决问题的方法，设计行动步骤、研究手段，关注行为的结果，并根据结果调整进一步的行动。活动主体在活动中不仅能动地、现实地复现自己，而且在所创造的世界中"直观自身"。这才是对于职业精神培育最富有发展性意义的活动。

（三）合理组织职业精神培育经验

任何外部因素都不是机械地决定个体内在精神的生成，个体并非消极被动地接受外界影响，而是作为能动体在与外界相互作用的积极活动中，主动接受外界各种刺激，通过自身的作用，逐步形成一定的个体精神。因此，对于职业精神教育经验的合理组织，必须揭示职业精神形成的内生外化的规律，从而为找寻职业精神形成与职业教育过程之间的契合点奠定科学的理论基础，正如在智育中必须将学生的认知规律（知识的获取规律）与教育活动的过程（知识的传递过程）联系起来一样，对职业精神生成的内在机制理论的探讨本质上就是要找寻职业精神生成与职业教育活动一致与和谐的规律。因此，在理论上探讨职业精神教育经验的组织，一方面需要研究职业精神形成的基本规律，另一方面需要探讨教学过程如何体现职业精神生成的基本规律，即如何开展职业精神培育的教学过程。

1. 职业精神内生外化的形成规律

职业精神的形成，不是起因于主体的自我意识，也不是职业世界在个体身上的消极反应，而是主客体相互作用的结果。瑞士心理学家皮亚杰认为，人在适应外部

---

① 叶澜：《教育概论》，217页，北京，人民教育出版社，2006。

世界的过程中，不断地同化外部信息于自身认知结构中，同时又不断地改变着认识结构自身以顺应外部环境。皮亚杰的同化顺应理论同样适用于职业精神的生成。职业精神的生成是在职业活动与交往中，在教育与自我教育过程中实现的，其过程需要完成两个转化：一是职业规范、职业道德内化为受教育者的思想信念，形成职业认同；二是受教育者的思想信念外化为职业情感、职业意志、职业行为。

（1）"知信合一"的内化过程

内化是外部物质动作向内部精神（心理）动作转化的过程。涂尔干最早提出"内化"概念，认为"内化"是社会价值观、社会道德观转化为个体行为习惯，强调"内化即对象的心理化，实践行为的意识化，实体的主体化，也是心理的对象化"，内化的基本过程是从"纪律"发展到"自主"的过程①。

如表 4-1 所示，不同心理学家的内化理论从不同的角度，都对理解职业精神的内化过程提供了科学依据。职业精神的内化是个体对一定的职业思想、职业道德的认同、筛选、接纳，将其融入自己的职业精神结构，形成自己的理想、信念，成为支配、控制自己职业情感、意志、行为的内在动力。职业精神"知信合一"的内化过程经历三个阶段。

一是职业遵从的他律阶段。职业遵从，一般指行为主体对他人或职业组织提出的某种职业要求的依据或必要性缺乏认识，甚至有抵触的认识和情绪时，既不违背，也不反抗，仍然遵照执行的一种现象。职业遵从是职业规范内化的初级阶段和他律阶段，也是进一步内化的基础，具有一定的盲目性、被动性和情境性。职业遵从包括从众与服从两种表现或类型。从众现象，指主体对于某种职业行为要求的依据或必要性缺乏认识与体验，跟随他人行动的现象；服从现象，指主体对于某种行为本身的必要性缺乏认识甚至有抵触时，由于某种权威的命令或现实的压力，仍然遵从这种行为要求的现象。

二是职业认同的自律阶段。认同在社会心理学中被称为社会认同，"来源于个体对自己作为某个或某些社会成员身份的认识，以及附加在这种社会成员身份上的价值和情感方面的意义"②，认同的实质是对自我的确认与归属。职业认同是社会认同的一种形式，是职业积极心理学研究的核心范畴。它与个体承担的职业角色紧密相关，是一种与主体接纳的工作角色相联系的主观自我概念，代表着在一个职业群体中成员共有的态度、价值、知识、信念和技能③。职业认同阶段是职业精神内化的深入和自律阶段，具有自觉性、主动性和稳定性的特征。同时，职业认同是确立自觉遵从职业态度的开端，对于职业规范的接受以及职业精神的形成来说，它是一个关键阶段。

---

① 鲁洁、王逢贤：《德育新论》，285 页，南京，江苏教育出版社，2010。

② 金盛华：《社会心理学》，27 页，北京，高等教育出版社，2005。

③ McGowen K R and Hart L E, *Still different after all these years：Gender differences in professional identity formation*，Professional Psychology：Research and Practice，2010，pp. 118-213.

三是职业信仰的自由阶段。职业信仰阶段是将对职业的认同与自己的职业信念融为一体，是职业规范的一种高级接受水平或高度遵从态度，是职业精神生成的自由阶段。职业规范的信仰性接受或遵从，表现为主体的职业行为动机是以职业规范本身所蕴含的职业精神的价值信念为基础，其职业行为是由职业精神的价值信念所驱动的。职业信仰具有高度的自觉性、主动性和坚定性。职业信仰的产生，标志着外在于行为主体的职业规范的客观要求转化为行为主体的内在需要，在这一阶段，职业精神的内化过程已经完成。也就是说，职业信仰标志着相应职业精神的形成，因为职业精神的形成发展过程就是职业规范的接受与迁移过程，就是对职业规范的遵从态度的确立过程，就是职业规范的内化过程。

表 4-1 内化理论的代表观点

研究者	关于"内化"的代表观点
皮亚杰	认为外部的物质动作是逐步内化到精神（心理）动作的，包括同化和顺应两种转化方式。所谓同化，即主体将客体纳入自己原有的心理结构；顺应是主体所操作的客体引起主体心理结构的改变，即对原有的心理结构的改造和调整。同化导致结构的量变，顺应则引起质变。
凯尔曼	描述价值内化的顺从、认同、内化三个阶段。顺从指表面上接受他人的意见或观点，外显行为与他人一致，由于这是受外在压力的结果，因而在认识与情感上与他人并不一致；认同指在思想、情感、态度上主动接受他人或集体的影响，不再是迫于压力；内化指在思想观点上与他人一致，将认同的思想同原有信念融为一体，构成一个完整的价值体系。
班杜拉	认为个人的基本道德规范是外在文化规则的内化，内化的途径是模仿、认同和强化。
维果茨基	提出内部智慧过程等高级心理机能起源于外部活动的假说。
加里培林	提出外部物质活动转化为内部智力活动需经历五个阶段，即动作的定向阶段、物质或物质化阶段、有声的外部言语阶段、无声的外部言语阶段、内部言语阶段。
克拉斯沃尔、布鲁姆等	通过对价值或行为规范的内化研究，提出了内化程度的五种水平：接受、反应、评价、价值的概念化、价值性格化。
鲁杰	思想品德的内化过程分为三个阶段：感受阶段、分析阶段和选择阶段。感受阶段是指有关思想品德的信息引起感官反应，形成有关表象；分析阶段指在已形成的道德表象基础上，分析、理解道德准则及其社会价值，形成新的思想品德认识；选择阶段指在获得新的认识基础上，将德育要求的思想、道德准则和原有的思想品德基础加以对照，进行判断和选择，对符合原来思想品德结构的特性同化、吸收，产生新的成分，形成新的结构体系，不符合原来思想品德结构特性的，则产生矛盾斗争，结果可能被吸收，可能被拒斥，也可能存疑。

（2）"知行合一"的外化过程

内化是外化的基础和前提。职业精神培育的最终目标是要求实现职业规范的外化，其过程可以看作从内部精神动作向外部物质动作转化，是"知行合一"的过程。

需要说明的是，"知行合一"中"知"的内涵与"知信合一"中"知"的内涵并不相同，"知行合一"中"知"是"信"之后的"知"，即完成了内化过程的"知"，表征着行为主体的个性化特征。就职业精神的生成而言，外化就是把已经内化了的职业理想、信念自主地转化为具有行为主体个性化特征的职业行为。职业行为的外化包括职业行为方式的掌握、职业情意能力的增强、职业责任意识的养成等。如表4-2所示，根据不同心理学家的外化理论对外化过程的分析，职业精神"知行合一"的外化过程经历四个阶段——职业情境解释阶段、职业判断阶段、职业决策阶段和职业行为阶段。这四个阶段的过程是指在一定的职业动机的作用下，从寻找可能的解决方法开始，然后在职业规范的制约下确认一种职业途径并做出内心的意义判断，进而做出职业决策，从而把外化过程产生的内部结果转化为外显的职业行为。

表4-2 外化理论的代表观点

研究者	关于"外化"的代表观点
彼得罗夫斯基	从智力发展的角度提出，外化是从内部的、智力方面的动作向外部的、以运用实物的方式体现出来的动作的转化。
雷斯特	道德行为产生的主要心理过程：解释情境—做出判断—道德抉择—实施行为。
巴拉诺夫	品德外化的运行过程包括行动纲领和行为形式选择、动机变成行为和行为变成习惯、习惯行为形式变为个性。行动纲领和行为形式选择是指动机若找到相应的行为形式，动机与行为就相互结合，这一阶段在心里实现；动机变成行为和行为变成习惯是指在实践情境中，在完成各种活动的过程中实现的。加强和巩固所选择的行为形式并使它变成习惯，是多次相互交错的重复活动的结果；习惯行为形式变为个性是指性质相同的习惯如果结合到一起，就能使习惯转变为个性。
林崇德	品德行为的外化分为四个阶段：明确道德问题，在一定的道德动机的驱使下，从指向道德活动对象开始；在道德动机和道德习惯的制约下，确认一种道德途径；做出道德决策；实施道德计划，把外化过程产生的内部结果转化为外显行为。

（3）职业精神形成是长期反复螺旋上升的过程

通过上述职业精神生成的过程分析可以看出，职业精神的生成是基于职业活动的主客体相互作用的结果，这一过程要求不断实现职业认同与自我认同的统一。从个体职业精神发展来说，职业精神的生成是一个长期反复螺旋上升的过程，贯穿于人的职业生命的全部周期。它总是通过职业活动与交往产生个体内部的矛盾运动，形成新的职业精神品质，再通过新的职业活动与交往，产生新的个体内部矛盾运动，再产生新的职业精神品质，经过多次重复，形成职业行为习惯，进而使职业行为习惯变成个体的职业个性特征，从而形成一定的职业精神，这是一个不断地由量变到质变的实现过程。

2. 体验式活动模式的基本程序

精神的境界和心灵的空间只有靠理解和体验才能达到，只有靠真切的同情和领悟才能实现①，因为抽象的理性代替不了不可言说的心灵感应，冷漠的说教和机械的灌输唤醒不了灵动的情感和涌动的激情，只有生命才能唤醒生命，只有人格才能感动心灵。体验是人的一种基本的存在样式，人通过体验痛苦向往幸福、体验失败渴望成功、体验死亡珍惜生命、体验丑恶崇尚美善……人的生命意义的不断超越是通过体验达成内在的精神层面的共享。因此，体验作为生命的直接存在形式，其意义是内在于整个生命过程，生命的过程也就是一个自我体验的过程，正如伽达默尔所言，"体验本身是存在于生命整体里，生命整体由此也存在于体验之中"。② 职业精神教育的过程就是引导个体由职业活动之径通达职业精神之境，这一过程正是建立在个体生命需要的基础上体验职业生活的意义，使人从单纯地使用技术提升到超越现有的技术之上，使技术和人的各种可能性向人自身无限地敞开，使人能够摆脱"社会"束缚与"自我"束缚，自由地把握对象和把握自身。

（1）体验的内涵及特征

"体验"是在 19 世纪 70 年代才成了与"经历"相区别的惯常用词，"由于这里所涉及的是一个已非常古老并在歌德时代就已经常使用的词'经历'一词的再构造，所以人们就有一种想法，即从分析'经历'一词的意义去获得新构造的词的意义"③。"经历"强调人们直接参与某件事情以及由此获得的印象，而不是从他人那里获得已经知道的或者道听途说的东西，直接性是经历的首要特征。同时，"经历"也在下述意义上被使用，"即在某处被经历的东西的继续存在的内容能通过这个形式得到表明，这种内容如同一种收获或结果，它是从已逝去的经历中得到延续、重视和意味的"。④ 因此，"体验"是从"经历"中获得延续和意义的，它不仅与经历一样具有直接性，而且还表明了由直接性中获得的收获，即直接性留存下来的结果。

有学者曾赋予"体验"一种概念性的功能，认为体验是一种生命认识方式，与"生命的范畴"密不可分⑤。人只有通过对人与外在世界、人与人之间的交互作用的体验，才能得到正确的认识。体验的内涵由此得到彰显。人本心理学着眼的是个人"自我实现"中的内心体验，是一种生命内在层次的觉醒，是深达意识底层乃至无意识层，是心灵相通而产生的"高峰体验"（马斯洛）。超个人心理学所关注的体验是日

---

① 刘济良：《生命体验：道德教育的意蕴所在》，载《教育研究》，2006(1)。

② 洪汉鼎：《理解的真理——解读伽达默尔〈真理与方法〉》，59 页，济南，山东人民出版社，2001。

③ ［德］汉斯-格奥尔格·伽达默尔：《诠释学Ⅰ真理与方法——哲学诠释学的基本特征》，92 页，北京，商务印书馆，2010。

④ ［德］汉斯-格奥尔格·伽达默尔：《诠释学Ⅰ真理与方法——哲学诠释学的基本特征》，93 页，北京，商务印书馆，2010。

⑤ ［德］汉斯-格奥尔格·伽达默尔：《诠释学Ⅰ真理与方法——哲学诠释学的基本特征》，93 页，北京，商务印书馆，2010。

常生活的神圣化、最高的觉知、最高的人际知遇等"神秘体验"。① 美学把体验看成一种生活感受，但不是一般的感受，而是丰富的、活跃的、深刻的瞬间性存在领悟，伴随着强烈的情绪高涨，达到主体与客体的高度统一②。综观各学科对"体验"的解读，本研究认为，体验是主体（体验者）的身心同外部世界产生交往并生成反思的认识与实践活动，其内涵主要体现在四个方面。一是"身心投入"，即"以身体之，以心验之"；二是"产生交往"，尤其是情感、心灵、精神的交流与对话，即"以情感之""以言表之"；三是"生成反思"，旨在生成积极的自主思维与领悟、自我发现与建构的意识活动；四是"认识与实践活动"。体验是一种主体性的认识和反思性的实践活动，是一种复杂的身心汇通、情理交融、知行统一的活动。

体验的基本特征具体包括四个方面。一是主体性。体验需要体验者的积极参与，即"身临其境""设身处地"；体验离不开具体的个人，体验总是体验者自我的体验；体验也离不开一个人的"前认识""前经验"，是对个人原有意识和经验的激发、唤醒，并由此产生联想、迁移。"在体验世界中，一切客体都是生命化的，都充满着生命的意蕴和情调"③。二是精神性。人是理性与感性、事实与价值、物质与精神诸方面的结合体。体验一方面依托于人的理性、事实和物质世界，同时又归属于人的感性、价值和精神世界。心灵的活动总是充满激情和热忱，精神的享受从来不是直接认知的，而是在激情和热忱中体验到的。三是情境性。体验总是发生在某种特定的生活情境之中。体验的环境越独特、越真实，越逼近人的"最近发展区"，越能引发人的深度、深刻，乃至高峰体验。只有创设使人感到疑惑、困难的教育情境，才有利于体验的发生。同时，体验同一个人的直接经验和生活世界是分不开的。在一个大的"体验循环"中，当体验者将自己置身局中，将对象之间或对象情境中的关系与自己发生了价值关联，并领悟到自己应当采取的态度和行为方式的时候，当下体验会诱发和唤醒体验者过去的生活阅历和潜意识中积淀的体验。四是生成性。体验不可能是"静态"的，它离不开活动，而活动总是在过程中展开的。过程哲学认为，人对于事物的认识是一个动态变化、矛盾冲突的过程，没有过程的认识就很难有结果的认识。人在活动、过程、矛盾冲突中学习、反思、理解、体验、感悟、发现、整合、建构等，促使人的思想的自我经历、自觉生成。

（2）四阶段体验式活动模式

不同活动模式所规定的任何目标都是在一定的活动程序下完成的，四阶段体验式活动模式设计了创设情境、体验探究、欣赏认同、自主提升的四阶段体验过程。这种活动程序不是一成不变的，可以根据不同的活动情境引申出多种多样的变式。阶段的划分表征的也只是一种职业精神的培育序列或是一种心理活动序列，但有一

---

① Sutich，A. J，"Some considerations regarding transpersonal psychology,"Journal of Transpersonal Psychology，2009(1)，pp. 119-123.

② 刘惊铎：《体验：道德教育的本体》，载《教育研究》，2003(2)。

③ 童庆炳：《现代心理美学》，54 页，北京，中国社会科学出版社，1993。

点必须明确，任何活动模式都必须以人的生命体验为核心。四阶段体验式活动模式具体如图 4-1 所示。结构图中用平面直角坐标系表示教师和学生之间民主、平等的互动关系。横坐标体现教师的主导作用，纵坐标体现学生的主体作用，通过师生每一环节的交互作用形成效果图像。效果图像体现了在师生的交互作用下，创设—欣赏"职业情境"、引导—体验"职业意义"、强化—积淀"职业情感"、调控—内化"职业行为"、提升—形成"职业品质"之间的递进关系。

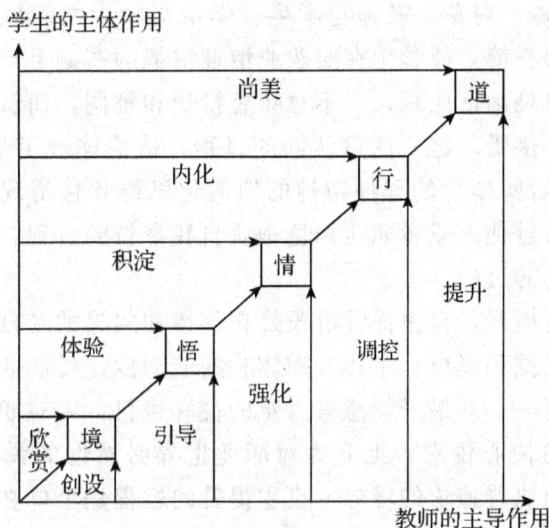

图 4-1 "活动—体验"模式结构图

第一阶段是创设情境。职业精神培育活动的发生需要一定的活动情境。活动情境是教师和学生有目的、有计划地设计选择或构建创造的适合于活动主体、活动目的、活动内容的物质环境、心理环境和文化氛围。活动的成效取决于活动主体与活动情境相互作用的性质。因此，如何使师生与活动情境融为一体，引发学生对职业意义的感知和认同，体验教育情境中蕴含的精神意境，是职业精神培育活动的起点。在这个过程中，要求教育者精心设计和创设适宜的活动情境，让活动一开始就充满一种体验的喜悦，激发学生的参与感和投入感，产生体验的冲动和欲望。比如，关于职业理想的教育，教师可以利用现代媒体技术，展播职业榜样的职业经历，促进学生的内心情感与职业榜样的情感世界对接，迅速走入教师所提供的职业形象，借助职业形象产生丰富生动的联想，在一种美好的氛围之中实现心灵的默契。

第二阶段是体验探究。体验探究阶段是指受教育者在活动过程中对活动内容的一种领悟，即学习者结合自己的人生体验，通过以主题人文活动或者实习实训项目为中介的师生相互作用，达到对某种职业意义和生命意义的理解。这种体验探究的过程是一种悟道的过程，是一种渗透在情感中的体悟。它要求师生双方在活动过程中，将自己对于活动内容和活动情境中的情感体验与自身的生命体验紧密地融为一体，以自己的情感深入和融入职业对象的情感，从而使活动过程中的情感体验更加强烈深沉。事实上，师生双方在活动过程中，对于活动内容的感知、理解、解释、欣赏和运用总会受到主体情感的影响，而在特定情感影响下进行的活动，又会反作用于情感，引起更深刻的情感体验。

第三阶段是欣赏认同。欣赏认同阶段是指师生双方在体验探究的活动过程中，被展示的职业故事或亲身实践的职业活动深深地感动和吸引，以至于达到了"物我同一"的境界——主体与对象、教师与学生、学生与学生之间融为一体。此时，应充分调动学生欣赏的心境，使学生在对职业情境悟解的基础上产生职业认同。认同不同于认可，后者只是确认或承认，不意味着接受和赞同，而认同则可理解为确认并欣赏，或是承认并接受。这一欣赏认同的过程，恰恰体现了学生对他人（职业榜样）或者职业规范背后所蕴含的理性精神的拟人化思维和移情现象，是追求自我认同的特殊表现——通过他人或者职业角色确认自我身份的过程，也就是在自我之外寻找自我、反观自我的过程。

第四阶段是自主提升。自主提升阶段是在移情和共鸣的基础上，使职业情境中的精神内涵被充分发掘和释放，主体发挥体验的能动性，对职业世界的意义做生命意义层面的整体把握——从最开始感官直觉的悦耳悦目，到对职业对象所蕴含内容的领悟、品味产生的悦心悦意，上升为对职业世界必然性的瞬间感悟和对职业理想，乃至人生理想的执着追求的境界。自主提升的过程是个体在了解他人或者亲身实践的同时对自我进行反省和审视，时时都有发自内心的独特感受，使灵魂受到震荡和洗涤，欲望升华为奋发进取之情，功利的观念被当下审美的幸福所消解，这对于学生职业精神的塑造方面将产生极其深刻的作用。

第三节　强化职业精神培育的师生互动效应

一、教师职业经验的教育意义

职业精神培育的过程揭示了两个互为主客体的统一性和转化的两极性，首先是社会和个体需要转化为教育者的职业要求，其次是教育者以言教、身教等特殊方法把职业要求再转化为受教育者相应的职业素养。在这两极转化过程中，教育者自身的职业境界不仅是自我的生命追求，更是重要的教育资源，贯穿于受教育者职业精神培育的全过程，从职业精神生成的初级阶段——教育者是模仿遵从阶段的有效学习榜样，到教育者与受教育者在主体性的实施和实现过程中发生相互影响，达到共同提高。正如苏霍姆林斯基所说，教育者所培养的人在人格和精神发展上最终超过他本身，才是教育的理想目标。只有教育中的不断超越才能实现人类精神追求的不断进步与完善。

(一)教育者是职业精神的践行者和榜样

教师"不是使用物质工具去作用于劳动对象，而主要是以自己的思想、学识和言行，以自身道德的、人格的、形象的力量，通过示范的方式直接影响教育对象"，这是教师职业的特点①。追求成为人师之自觉的教育者，在教育过程中会严于律己，使自身的职业人格不断向师表美的标准靠拢，这样就可以使潜伏在"经师"身上的"人师"性质大放光彩，原本潜在的教育辐射力就会自然凸显出来，"无教之教""无言之教"就会成为现实。

1. 充分促成学生的榜样学习

榜样学习已成为社会学习理论的核心概念。对学生而言，教育者是具体的职业精神概念的化身，教育者的一言一行不管有无进行职业精神教育的自觉，都会成为教育的隐性课程。正所谓孔子所言，"其身正，不令而行，其身不正，虽令不行"。因此，教育者对职业的精神追求，实际上是建构学生职业精神学习的内容或榜样，职业精神的榜样学习需要立师表之美。

2. 改善职业精神教育的效能

教育者自身最温暖的教育意义是教师形象具有情感的魅力。社会心理学已经证实，人很可能单纯地将他对一事物的积极情感转移到与该事物相联系的另一事物中去(情感转移理论)。"爱屋及乌"即反映这样一个心理事实。立师表之美就是要让教育者成为学生积极情感指向的对象，即使当他面临较为复杂的职业情境时，也能按照教师提出过的要求或以教师为榜样去践行职业规范。此外，在教育冲突发生时，如果学生的原有立场和教师的观点不一致，此时，与职业精神教育目标相一致的态度转变，只能发生在教师对学生认知和情感上具有足够能量和吸引力的时候，否则学生就会固守己见。因此，教师的职业人格乃是学生职业精神学习动机的助推器，而教师能否成为一个不容否定的审美存在则是提高职业精神教育实效的重要途径。

(二)师生关系的主体交互性促成教师职业经验教育意义的最终实现

教育影响总是在教育者与受教育者一定的关系体系之中进行的。教师职业经验教育影响的实施和传递是以师生关系为载体，通过教育者根据教育目的的精心设计、组织和协调，有意识地以教育者的职业个性发挥职业精神教育的作用。这种师生关系既有人际影响的社会性，又有引起预期行为变化的教育性，它从建立、发展到完善的过程中体现了教育者职业个性影响力对受教育者的吸引和逐渐渗透过程。

教育者的主体性在职业精神教育过程中是一种事实性存在，具有自我规定性，先于教育过程而存在，与受教育者的主体性不在同一个层次上。主体性交往的师生关系中，教育者是实施主体，而受教育者是实现主体。教育者的主体性地位是在教育过程之外更为广阔的时空之中确立的，虽然在职业精神教育过程中也存在职业个

---

① 檀传宝：《德育美学观》，152 页，北京，教育科学出版社，2006。

性自我完善、自我发展的需要，但与学生相比，这种完善和发展是直接附属于、服务于其主体性地位和主导性作用的。这也是强调教育者职业追求的教育意义所在。

受教育者的主体性具有价值论意义。尊重受教育者的职业志趣和完整人格是职业精神培育追求的理想目标，而不是教育过程发生和发展的条件。受教育者是发展过程中的人，其主体性不是已经形成和成熟的主体性，而是正在形成和将要成熟的主体性，是对学生主体发展过程的预测和期待①。这种主体性的发展直接处在教育者的引导之下和意料之中。从这个意义上说，在师生关系中，教育者的主体性是受教育者的主体性的前提条件，两者不能完全等同。教育者的主体性的展开体现为教育过程，受教育者的主体性的展开体现为发展过程。教育与发展在性质、方向和水平上是不同层次的两个过程。同时，随着受教育者的主体性的不断成熟和发展，其主体性的意义不能只停留在价值论的意义上，而是不断地由潜在状态向现实状态转化，这种现实的主体性的强大的结果对教育者也将产生反作用。

二、教师职业精神的表征层次

(一)对教育环境的主体性

职业精神教育的环境优化与教育者的主体性发挥是相辅相成的。从教育目的和学生身心发展特点出发，对职业精神教育的环境、影响做出创造性选择、加工和改造，是教育者的主体性的集中表现。这种选择、加工和改造的结果形成一个理想的、微观的、人工的教育环境，包括教学工作、课外活动、规章制度、校园文化等。这是教育者自身本质力量的对象化过程，是将主体性的职业追求物化为客观的环境影响的过程。教师职业精神的物化过程有下列特点。

首先，对职业精神教育影响的加工体现为科学性。教育者首先要遵循各种职业精神教育影响的因素和发展规律，根据受教育者身心发展规律和特点，运用现代化教学手段进行加工，使学生感到人工教育环境的真实性和多样性。

其次，对职业精神教育影响的改造体现为目的性。职业精神教育是对象性的活动，教育环境应体现职业精神教育的目的和要求。学生的全部活动及其背景蕴含着教育者有意识安排的特定价值，对它们起着暗示和期望作用。

最后，对职业精神教育影响的运用体现为创造性。教育影响的运用过程也就是不断加工和改造的过程，而科学的加工和主体性的改造只有靠教育者的创造性劳动才能实现。一方面受教育者的活动空间总是超出人工教育环境所能影响的范围。教育者必须经常面对新的意料之外的教育因素，并根据实际情况做出动态调节，使职业精神教育环境不断更新和优化；另一方面教育者还必须与社会倡导和关注的职业精神保持协调一致的关系，并对随机性职业精神教育因素做出总体统一的调控，为社会职业环境优化积聚教育合力。

(二)对教育对象的主体性

教育者的主体性不仅体现为对职业精神教育环境的选择、加工和改造，还体现

---

① 鲁洁、王逢贤：《德育新论》，358 页，南京，江苏教育出版社，2010。

为对教育对象的主体性预测、设计和调控。从社会学意义上看，职业精神教育过程的本质是教育者与受教育者两个主体之间的相互作用；从教育学意义上看，则是教育者的主体性的实施和受教育者的主体性的实现。教育者的主观目的、设想不仅对象化为人工教育环境，还对象化为受教育者的发展状况。教育者对教育对象的主体性表现为三个方面：第一，对职业发展方向的规划建议；第二，对职业发展志趣的推动；第三，对职业精神发展水平的评价。对受教育者职业精神发展状况的调控集中反映出教育者在教育过程中的主体地位和主导作用。

(三)对自身的主体性

马克思指出，"劳动的对象是人类生活的对象化：人不仅像在意识中所发生的那样在精神上把自己划分为二，而且在实践中、在现实中也把自己划分为二，并且在他所创造的世界中直观自身。"人在劳动实践中发生着双重关系，一是同对象发生关系，二是同自身发生关系，教育者的教育劳动也是如此。教育者不仅对教育环境和受教育者实施主体作用，而且还在意识和实践中对自身施加影响，表现在意识中就是教育者的职业意识和自我意识；表现在实践中就是教育者人格的自我实现和自我超越。

教师对自身的主体性主要体现在两个方面。一是自我实现性。教师职业劳动及其成果是教育者自身精神力量的对象化，是教育者主体的职业观在教育实践中的最终实现。受教育者职业观的逐渐成熟正是教育者智慧和汗水的结晶，受教育者职业理想的充分发展也是教育者梦寐以求的愿望。这只有在教育者作为职业主体的价值追求与作为教育主体的社会要求完全吻合一致时才能实现。二是自我超越性。教育者对自身的主体性不仅体现为自我的实现性，还体现为自我超越性。作为主体的教育者，一方面影响和改变着外界对象，另一方面又在意识控制下变革自身的内在结构；一方面发挥主体结构已有潜能同化对象，另一方面又通过不断超越自身而适应对象。首先是对职业环境的适应，社会的种种变换经常打破人工教育环境的相对平衡，要求教育者实施动态调节，这只有通过职业素养的不断加强和超越才能实现。其次是对教育对象的适应。职业精神教育影响的加工和运用必须与受教育者已有的心理结构同构化，同时，教育者与受教育者在人格价值上完全平等，在主体性的实施和实现过程中必然发生相互影响，达到共同提高。

三、师生主体间性：职业精神师生互动效应的生成机理

(一)师生主体间性的内涵特征

1. 师生主体间性的内涵

主体间性(inter-subjectivity)最早是由德国著名哲学家、现象学创始人胡塞尔(Husserl)提出的。胡塞尔为了回应对其现象学理论的批评，同时也为了消解所谓"人的主体性悖论"，提出了"主体间性"。主体性代表单向的"主—客"关系，而主体间性则体现双向的"主—主"关系。在"主—客"关系中，主体与外界的关系是"主体与客体"的关系，主体以外的一切事物都被视为主体认识、塑造、利用和占有的对

象；而主体间性是对主体性的扬弃与超越，是主体性合理、适度地发挥与发展，强调的是不同主体之间的协调与合作。"只有主体之间的关系才能算得上是相互关系，因为主体和客体的关系是分主动和被动的，因此不能成为相互关系。"①从这一视角出发，教师与学生作为相互依赖的共生性存在，其关系的本真状态是主体间关系，是主体与主体在交往活动中所表现出来的以"交互主体"为中心的和谐一致性。也就是说，主体间性师生关系生成和彰显的是师生的主体性，强调教师和学生两个主体之间的沟通、理解和"视阈融合"，这为构建师生间的和谐关系奠定了基础，也使职业精神教育产生师生互动效应成为可能。

2. 师生主体间性的特征

（1）平等性

在主体间性师生关系中，学生作为客体被物化和异化，师生之间不存在真正意义上的平等。而在师生主体间性交往中，教师和学生作为完整意义上的生命个体，各自具有人之为人的本质特征和平等人格。教师再也不是权威和操纵者，不是真理拥有者的象征，不再垄断话语权，他只不过是"平等中的首席"；学生不再毕恭毕敬、唯唯诺诺，只是被动地接受和执行。双方都把对方看作一个完整意义上的人，是正在与"我"交流交往的人，所有情感与理性、直觉与感觉、思想与行动都参与到"我"与"你"的对话中。通过彼此倾诉和倾听，进入到对方主体的内心世界，设身处地、将心比心、充分地理解对方。同时，这也意味着自我向对象主体敞开了心灵世界，让对方了解自己②。

（2）双向主体性

发展人的主体性是现代教育不懈追求的目标，现代各种师生观主导下的教育活动几乎都宣称要生成和彰显师生的主体性。然而，对象化教育活动生成和彰显的主体性，是价值追求者的单向主体性，另一方只是工具和手段，无所谓主体性。主体间性师生关系是双向的主体性，既是价值追求者的主体性，也是价值追求对象的主体性。在师生主体间性交往中，无论是教师还是学生，既要自由地发挥自己的主动性和创造性，促进自身主体性发展；同时又要通过全面的交往使得交往双方相互作用、相互影响、相互认可、相互理解，建构对方主体的主体性，实现师生主体间性的主体性共同发展③。

（3）合作性

主体间性并不是以一个独立的个人为基础，而是以"双向理解"的合作为前提，合作关系也是主体间共处的条件之一。没有主体与主体间的合作，主体只能成为孤立的单向主体，作为个人的主体性也会不自觉地枉自膨胀而最终失去主体间性存在的本初意义。合作并非意味着一方对另一方的简单迁就和随声附和，而是通过主体

---

① 余灵灵：《哈贝马斯传》，180页，石家庄，河北人民出版社，1998。

② 冯建军：《以主体间性重构教育过程》，载《南京师范大学学报（社会科学版）》，2005（4）。

③ 郭浩：《主体间性：师生关系的新视角》，载《广西教育学院学报》，2007（1）。

间思想的碰撞、冲突，最终达成双方的理解、融合和共享。合作有多种形式，从合作主体上看，包括师生合作、生生合作；从合作媒介来看，包括以言语为中介的合作、行动的合作以及思想间的合作等。无论哪种合作，合作双方的主动性和平等性是主体间合作的前提，否则有效的合作就会中断。因此，主体间性师生关系倡导通过对话和交往形成一个"学习共同体"，对师生的共同成长负责。

(4)精神情感性

教育是"人与人的主体间的灵与肉的交流活动"①。师生主体间性交往，不仅是知识信息的传递，而且承载着交往主体丰富的情绪和情感，折射出交往主体的人格品质和价值追求。因此，师生交往是师生"精神相遇"的过程，是师生彼此人格感化的过程，师生的"心灵世界在对话和理解中接受洗礼和启迪"②。在传统的师生关系中，精神情感的缺失使教育异化为纯粹的"知性教育"和机械的"能力训练"，使教育丧失了发展人的主体性、培养健全人格的目的性意义，教育交往也成了工具理性左右的物化的交往活动。因此，师生间的交往要高度重视精神情感性交流，亦师亦友，真诚相待，共同成长。只有这样，师生双方才能在相互信赖、彼此信任的交往中获得真切的体验、丰盈的情感，人格才能得以感化和提升。

(二)交往与对话：职业精神师生互动效应的建构

职业精神师生互动效应的建构，必须实现由对象化活动向交往活动的转变。对象化活动反映的是主体与客体之间的关系，交往活动反映的是主体与主体之间的关系。交往的双方主体是彼此关系的创造者，它们塑造的不是对方，而是彼此间的相互关系，通过相互间关系的塑造而达成共识、理解、融合。因此，交往意指一种主体间的关系或一种内在的相关性③，语言则是主体间交往的中介。

1. 交往是职业精神教育师生互动效应的主要形式

教育中的交往依参与主体的不同，可分为师生交往与生生交往两大类型。师生交往相对于生生交往而言，更具有教育的内涵。职业精神教育中，师生交往是指师生主体间职业交流的精神活动，包括职业内涵的领悟、职业情感的激发、职业行为的规范，并通过职业精神的传承机制，将职业精神遗产不断发扬光大。

交往之于职业精神教育过程而言，并非仅仅是达成教育目的的一种教学，而是具有本体的意义。职业精神的教育实践以交往的形态存在，意味着师生彼此都具有意义领悟的能力，其教育过程是师生之间不断进行职业意义交流、展开对话的"双向理解"的过程。这一过程首先要求教师要学会交往，尤其是学会与学生进行真正的交往。教师要能够充分地理解学生，而不是把学生看成灌输职业规范的容器。教师要能够深入到学生的内心世界，要真正地理解学生的职业意愿，要能与学生平等地展开对话，平等地进行交往。这要求教育者自身要不断反思自身，在与学生的交

---

① [德]雅斯贝尔斯：《什么是教育》，3页，北京，生活·读书·新知三联书店，1991。

② 吴金华：《现代教育交往的缺失、阻隔与重建》，载《教育研究》，2002(9)。

③ 冯建军：《以主体间性重构教育过程》，载《南京师范大学学报(社会科学版)》，2005(4)。

往过程中，要始终保持坦诚、平等与善解人意。正如苏格拉底所说，教育的过程是一个不断展开对话的过程，教育者首先是一个对话的反思者。

师生交往的职业精神培育过程中，学生职业精神的发展基于师生的交互理解，师生的交互性目的是师生职业精神的互相促进、共同发展。二者是过程与结果的关系，是一脉相承、不可分割的。在以前的教育过程中，只强调结果，而不重视师生教育过程中的精神交互性，往往造成了教育过程本身失去了教育性和示范性。因此，基于主体间性的师生交往是职业精神培育师生互动效应产生的形式和载体。

2. 对话是职业精神教育师生互动的基本形态

对话是人类存在的一种方式，是"我—你"世界之间的相遇关系。一个人只有进入"我—你"的关系才能改变自己而进入真正的生命，也才能证明"他之与你的共通性"。教育交往是一种精神交往，语言是交往的手段，师生之间的交往是以言语为基础的。因此，对话是师生主体间性交往展开的重要形态。职业精神教育究其本质是一种基于职业领域的精神传递和共享，教师的职业精神及其对职业精神的理解能否真正传递和共享于学生，并在学生之间产生互动效应，关键是师生能否通过理解而实现精神世界的对话过程。"通过对话的方式，把思想从运用要求转变为交往行为理论，具有中心地位的意义。"①

对话不仅仅是职业精神教育师生互动展开的一种形态，它更应是师生互动的灵魂。所谓对话，是指"师生在平等的立场上，通过言谈和倾听而进行双向沟通的方式。对话不仅仅是指两者之间的言谈，而且是指双方的内心世界坦诚地敞开和接纳，是对对方真诚地倾听，是指双方共同在场、相互吸引、相互包容的关系，这种对话更多地是指互相接纳和共同分享，指双方精神交互性的承领""人类之所以以社会方式存在，取决于相互承认，教育之所以能够进行，就在于师生二者的相互作用、相互承认和对话""对话本身的发展就带动双方精神的发展。从这些意义上来看，对话就不仅仅是一种教育策略，而是教育本身。教育就是对话，是上一代人与下一代人的对话，是教师与学生的对话，是历史与现实的对话"②。师生在互相对话的过程中，形成主体间性，建立和谐融洽的关系，并完成各自的意义建构。

在职业精神教育师生互动的对话过程中，教师要树立正确的职业观；同时要消解自己的话语霸权，注意多倾听学生对职业的理解和向往，将话语权真正交给学生；要坚持基本的话语规则，彼此用心交流。

---

① 欧力同：《哈贝马斯的"批判理论"》，1页，重庆，重庆出版社，1997。
② ［德］雅斯贝尔斯：《什么是教育》，3页，北京，生活·读书·新知三联书店，1991。

小 结

第四章基于对职业精神的界定及其职业精神培育主体的明晰，结合职业教育的教育类型特色，在培育理念、过程、师生关系等方面探讨职业精神培育的过程，从而构建职业精神培育理论。本章主要分为三部分内容。

首先，确立"人事合一"的职业精神培育理念。"人事合一"职业精神培育理念的基本内涵体现在两个方面，即"人"是职业精神培育的内在目的，"事"是职业精神培育的外在载体。职业精神形成于"人事合一"的过程，其职业教育意蕴是指由"成事"的职业能力之径通达"成人"的自由精神之境。在此基础上，进一步论述了培育"用心"之人是职业教育的根本使命，承担"孕育与传播绿色工业文化"之事是职业教育的社会责任。

其次，构建了"活动—体验"的职业精神培育模式。在界定"活动—体验"的职业精神培育模式意蕴的前提下，即"活动基于工作世界并联系社会生活""在'理解—体验'中感悟工作意义"，阐明了"活动—体验"的职业精神培育模式的基本框架，包括确立"三维"职业精神培育目标、在活动中构建和合理组织职业精神培育经验三个方面。第一，依据职业精神的结构模型，确立了职业精神的培育目标，分别为"树立职业榜样，加强职业理想教育""激发专业兴趣，提升职业情意能力""创设职业情境，强化职业责任意识"。同时，结合时代特征及需要阐述了具体目标设计的重心问题，如第四次工业革命与创新精神、生态危机与责任意识、市场经济与诚信观念等。第二，构建了职业精神培育学习经验。先是明确了建构学习经验的基本原则，包括"活动目的的针对性与超越性统一""活动过程的阶段性与连续性统一""活动内容的专业性与审美性统一"三个方面；接着阐明"主题人文活动"和"专题实习实训项目"是职业精神培育学习经验的基本载体，并指出活动的组织结构和主体活动的自主程度是影响学习经验习得的因素。第三，设计了合理组织职业精神教育经验的活动阶段。依据职业精神形成的基本规律，即"知信合一"的内化过程、"知行合一"的外化过程，提出了创设情境、体验探究、欣赏认同、自主提升的四阶段体验式活动模式。

最后，阐明要强化职业精神培育的师生互动效应。本部分从教师职业经验的教育意义入手，提出教育者是职业精神的践行者和榜样，其表征的层次体现在教师对教育环境的主体性、对教育对象的主体性和对自身的主体性三个方面。同时，师生主体间性是促成教师职业经验教育意义实现的关键，即师生主体间性是职业精神师生互动效应的生成机理，主要内容包括师生主体间性的内涵特征以及强化职业精神培育师生互动效应的途径。

第五章

职业精神培育现状

为了了解目前我国高等职业院校对学生职业精神培育的开展情况，本章基于前述所建构的职业精神结构模型和职业院校学生职业精神培育理论，进行了现状调查的整体设计。通过对教师访谈调查和学生问卷调查的整合分析，了解高等职业院校学生职业精神培育在理念、过程、主体关系三个方面的教育现状，进而从高等职业教育人才培养的视角，探讨制约职业精神培育的主要问题及其原因。

第一节　高等职业院校学生职业精神培育现状调查的研究设计

在对研究结果进行描述和讨论之前，本节将首先介绍研究的方法、对象和分析过程等，以便明晰研究结果的获得方式和渠道，再现研究现场。同时，通过呈现研究设计的思路和决策方式，借此增加分析与结论的可信度与效度。此外，研究者自身可以对研究过程进行再反思，进一步在研究的结果和方法之间建立严谨的逻辑。

一、研究整体思路

(一)顺序性探究设计的混合方法研究策略

质的研究方法和量的研究方法有着基本差别和不同的特征，但在实践中两者往往密不可分，研究所得的结果可以相互补充。混合方法作为一种整合的研究方法，已经成为教育研究的理想范式之一。有学者在分析总结以往对混合方法研究的19种定义的基础上，提出混合方法研究是为了拓宽研究目的、加深理解和反复确证，研究者将质性和量化研究方法中的要素相联结的一种研究类型。这种联结包括共享质性与量化的观点，共享数据收集、分析、讨论的技巧等①。

与单一研究方法相比，混合方法的研究设计也相对复杂。迄今已有多位学者从不同角度对混合方法的设计进行了分类。根据混合形式，混合方法设计主要有并行、顺序性、转换性三种②。在并行设计中，质性方法与量化方法是同时进行的；在顺序性设计中，不同的方法有着不同的实施顺序，而且地位不同，顺序在前的方法往往拥有优先地位；转换性设计与前两种设计之间属于交叉关系，转换的形式可以在并行或顺序性设计中实现。其中并行设计又分为三角互证并行设计和嵌套并行设计两种；顺序性设计包括顺序性解释设计和顺序性探究设计两种；转换性设计包括并行转换设计和顺序性转换设计两种。上述混合方法设计形式的具体内涵如表 5-1 所示。

表 5-1　混合方法设计形式的具体内涵③

混合方法设计形式		内涵
并行设计	三角互证并行设计	质性方法与量化方法同时进行；两种方法多针对同一研究问题；研究者将质性方法与量化方法置于平等的地位，两者相对独立，目的在于实现两种方法的优势互补。
	嵌套并行设计	质性方法与量化方法同时进行；两种方法致力于解决问题的不同方面；研究者会区分哪种方法优先，并使一种方法嵌套于另一种方法中。
顺序性设计	顺序性解释设计	研究者先收集量化数据来建构研究主题的整体框架，然后收集质性数据以帮助解释量化数据的结果。
	顺序性探究设计	研究者先收集质性数据来描述某一个教育现象，然后再使用量化研究进行进一步说明。
转换性设计	并行转换设计	它们共同的特色在于理论指导性和灵活性，即研究者可在理论视角的指导下灵活安排不同方法的优先地位或实施顺序；转换性设计兼具了并行或顺序性设计中各种类型的优点；它也对研究者的理论水平和研究能力提出了更高的要求。
	顺序性转换设计	

一般来说，对某一主题进行探索性研究时较多先使用质的研究方法，然后对这个主题的各个方面展开量的研究，这就是顺序性探究设计。本研究的核心问题是探究"职业院校如何培育学生的职业精神"，鉴于关键词"职业精神"内涵的抽象性与表

① R. Burke Johnson, Anthony J. Onwuegbuzie, Lisa A. Turner, "Toward a Definition of Mixed Methods Research," Journal of Mixed Methods Research, 2007(1), pp. 112-133.

② Tony Gilbert, "Mixed Methods and Mixed Methodologies: The Practical, the Technical and the Political," Journal of Research in nursing, 2006(2), pp. 205-217.

③ 高潇怡、刘俊娉：《论混合方法在高等教育研究中的具体应用——以顺序性设计为例》，载《比较教育研究》，2009(3)。

现形式的多样性，笔者将采用顺序性的质性研究和量化研究相结合的设计。由于培育的主体主要涉及教师和学生，因此，在顺序性探究设计中，首先通过对有职业精神教育经验的教师的访谈质性数据收集，获得参与者的具体陈述和经验想法；然后基于教师参与者的观点创制出需要进一步问题说明的调查工具，确认调查工具的有效性，接着进行一定范围的调查并做相关分析；最后结合对教师的访谈和学生的调查结果对研究结论进行整合分析说明（图 5-1）。

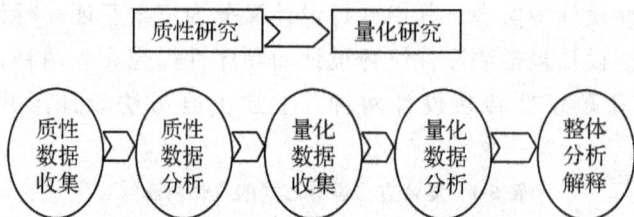

图 5-1 顺序性探究设计的研究策略

注：图中箭头表示按顺序收集数据。上面的图示表示研究中质性数据优先，下面的图示是具体的数据收集、分析和解释的过程。

（二）具体的研究阶段和步骤

本研究主要分为三个阶段共 11 步骤，具体见图 5-2。

第一阶段（步骤 1～4），基于第二章职业精神的结构模型和第四章职业精神培育理论，确定访谈的主题和相关问题，然后通过小样本量的（3～4 名教师）访谈资料收集，最终获得关于相关访谈主题的具体陈述，开始正式访谈。通过访谈调查具有职业精神管理和教学经验的教师，重点关注教师对于职业精神的认识与理解，以及职业精神培育的经验做法，即重点关注"职业精神是什么"和"如何培育学生的职业精神"（"载体和途径是什么"）两个问题，根据访谈对象的认识解读研究结果。

第二阶段（步骤 5～8），通过分析访谈资料中反映的诠释职业精神内涵的核心词汇及频数，以及主要的职业精神教育的载体及途径，并基于本研究所建构的职业精神和职业精神培育的理论模型，确定调查问卷的纬度；同时，借鉴访谈教师的观点及其陈述，编制问卷的题项，创制出调查工具。然后由少量职业教育专家（2～3名）、具有职业精神教育经验的教师（2～3 名）及职业院校的学生（4～5 名）对调查工具的难度进行检测，并选择 100 名左右的职业学生进行试测，根据试测结果分析问卷的信效度，确立正式问卷，开始对学生的问卷进行调查，并对调查结果进行相关数据分析。

第三阶段（步骤 9～11），结合教师访谈研究中的发现与学生调查研究的结果进行整合分析，探究职业精神培育在培育理念、培育内容和培育途径三个方面存在的问题及其问题产生的原因。

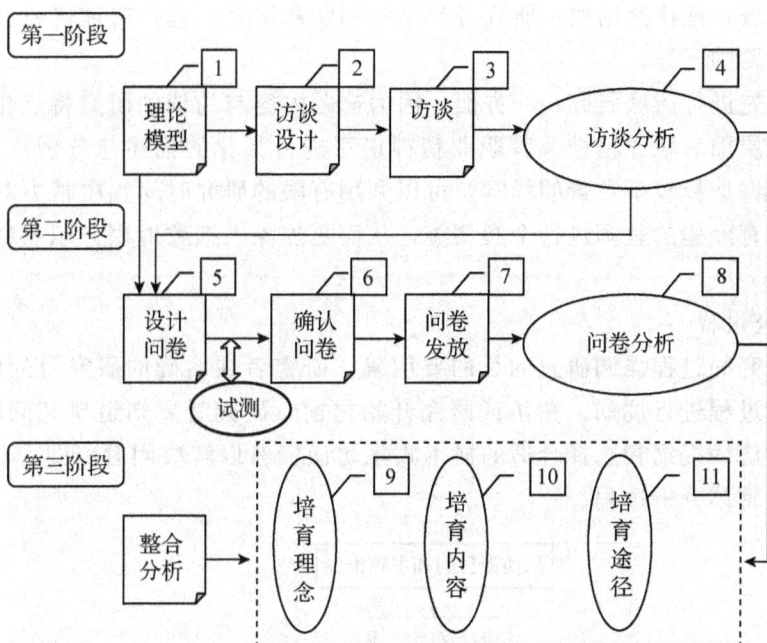

图 5-2　高等职业院校学生职业精神培育研究的顺序步骤

注：图中的箭头和序号表示研究的顺序步骤。

二、访谈研究设计

(一)访谈方法的选择

1. 研究特点和过程

(1)研究特点

访谈是一种研究性交谈，即通过"寻访"被研究者并且对其进行"交谈"和"询问"的研究活动，收集并形成与研究主题相关的第一手资料的研究方法[①]。访谈的意义，不仅在于它有更大的灵活性，关键是打开了一种可能性，即洞察他人所经历的、所关注的世界，把握他人的信仰、价值、兴趣、知识以及看、思与行动方式的可能性；带着观点的词语把研究者带入不同的世界[②]。访谈的这一特点在教育研究中得到越来越多的关注，因为教育实践本来就是一个人与人之间的世界。

整个研究中，采用访谈分析作为质的研究方法，再采用问卷调查的方法进行量的研究，其原因是论文的研究内容是非行为性的意义感、价值观念、情感信仰等内在的东西，首先选择对有职业精神教育经验的教师的访谈，可以更加直接了解参与者的所思所想，教师用自己的语言和概念表达的观点可以使内隐性的内容更加具体化，从而为下一步对学生的问卷设计更好地做准备。如果先使用问卷调查或者仅仅

---

① 宁虹：《教育研究导论》，95 页，北京，北京师范大学出版社，2013。

② Schostak，J，*Interviewing and Representation in Qualitative Research*，New York，Open University Press，2006，p. 75.

使用问卷调查，往往使用的是研究者自己的判断和语言，选择向被研究者询问研究者自认为重要的问题。

总之，先进行访谈研究，一方面，因为选题内容与访谈的研究特点相吻合，有助于在微观层面对职业精神及其职业精神培育进行具化的描述与分析；另一方面，访谈研究允许选择较小数量的样本，可以利用有限的研究时间集中精力对少数具有职业精神教育经验的教师进行个案调查，从而更加深入细致地探究职业精神培育过程的细节。

（2）研究过程

访谈研究的过程强调研究的目的要明确。研究者在明确的研究目的的引导下，对研究的全过程进行规划。在访谈研究开始之前，研究者要知道研究问题是什么，并依次设计访谈提纲和选择合适的样本收集访谈资料以解决问题。图5-3是访谈研究和分析的整体分析过程。

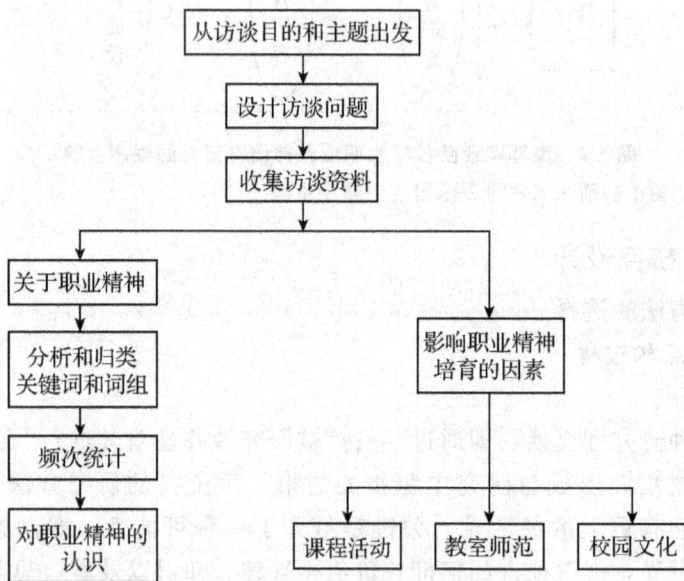

图 5-3　访谈分析过程流程图

2. 半结构访谈选择

根据研究实施的结构化和控制程度，访谈法可以分为结构型访谈、开放型访谈与半结构型访谈。结构型访谈是一种标准化的访谈，其访谈的内容、程序事先都已经被设计成固定的访问调查表，访谈者依照访谈调查表来提问，几乎没有自由发挥的余地，受访者回答时也只需要从已经固定编好的答案中做出选择。与结构型访谈相反，开放型访谈没有固定的访谈问题和程序，对受访者的反应也没有什么限制，虽然访谈围绕一定的目的进行，但访谈的内容、顺序、语言、进程等都由访谈双方自由决定。这种方法虽然有利于发挥受访者的积极性，但是研究者很难控制整个访谈的过程，有些时候也并不能有效获得研究需要的信息。半结构型访谈介于两者之间，这类访谈具有一定的结构，研究者对访谈有一定的控制，访谈之前有一个准备好的粗线条的访谈提纲。访谈的过程可以根据访谈的具体情况对访谈的内容和程序进行调整。半结构型访谈既有一定的灵活性又有一定的限制性①。

由于本研究面对的是一个复杂的教育现象：每个教师的具体情况不同，其对职业精神的理解和教育过程的经历体验也会各不相同。如果按照严格的顺序提问同样的问题，显然会限制研究者和受访者的发挥，也就可能错过一些关键的信息，影响访谈的效果。同时，由于职业精神概念本身的特征，研究者需要根据研究的主题范围对受访者做必要的引导和研究细节的介绍。因此，访谈过程需要笔者以研究问题为指导，结合已有的理论预设和研究设计尽量提出一些开放型的问题，引导受访者积极参与，并且根据访谈的具体情况对访谈的程序和内容进行灵活的调整。总之，半结构型访谈能帮助笔者从教师的角度了解他们对职业精神教育的思考，同时捕捉到他们在职业精神教育过程中的感触和体验。

（二）访谈对象与内容

1. 访谈对象的选择

准确地选择访谈对象是访谈研究达到事半功倍效果的重要条件，因此，访谈研究在对象的选择上采取了目的性抽样的方式，即研究者有意地寻找对研究能够提供丰富信息的教师，亦即对一个"判断样本"——能够代表主要计划调查中的典型对象的样本做深度的研究。访谈对象不需要具有百分之百的代表性，但是必须能够帮助研究者揣摩来自不同背景的教师的可能的反应②。

（1）代表性

选择具有职业精神教育经验的管理和专任教师。管理层面主要考虑主抓学生培养的教学副院长、分院院长，负责学校文化建设的宣传部门以及负责学生就业的指导部门的行政人员；专任教师主要关注专业课教师，尤其是负责过学生企业实习实训指导的教师，以及与职业生涯指导相关的公共课教师。具体访谈教师的基本情况见表 5-2。

（2）便利性

便利性主要是从研究者自身的研究条件而言，从地域、时间以及访谈对象的回应等方面选择能够实现深度访谈的受访对象。

表 5-2　18 位访谈教师基本情况一览表

教师编号	性别	学校类型	岗位类型	职称	访谈形式
A1	女	国家示范	行政	副教授	电话访谈
A2	女	国家示范	行政	讲师	网络访谈

---

① 宁虹：《教育研究导论》，99 页，北京，北京师范大学出版社，2013。

② ［英］A. N. Oppenheim：《问卷设计、访谈及态度测量》，62 页，台北，六合出版社，2002。

教师编号	性别	学校类型	岗位类型	职称	访谈形式
A3	男	国家示范	行政	讲师	网络访谈
A4	男	市示范	行政	副教授	网络访谈
A5	女	一般	行政	副教授	电话访谈
A6	女	一般	行政	讲师	面谈
A7	女	民办	行政	副教授	面谈
B1	女	国家示范	职业生涯课教师	副教授	网络访谈
B2	女	国家示范	职业生涯课教师	讲师	网络访谈
B3	女	一般	职业生涯课教师	讲师	面谈
B4	女	一般	职业生涯课教师	讲师	面谈
B5	女	一般	职业生涯课教师	讲师	面谈
C1	男	国家示范	专业课教师	副教授	网络访谈
C2	男	国家示范	专业课教师	副教授	网络访谈
C3	男	国家示范	专业课教师	讲师	网络访谈
C4	女	国家示范	专业课教师	讲师	网络访谈
C5	女	一般	专业课教师	讲师	面谈
C6	女	一般	专业课教师	讲师	面谈

访谈对象确定之后，访谈的形式基本上由教师来选择，包括面谈、电话访谈和网络访谈，目的是让受访教师感到方便和轻松。每次访谈的时间在1～1.5小时，但有的会长达2小时甚至更长。访谈的过程会不断迸发出新问题，因此访谈的次数会在2～3次。被访教师对笔者研究的问题——"如何培养学生的职业精神"都很感兴趣，也对该研究的选题意义及目的给予了肯定；他们很乐意分享自己的教育经验及故事；还有的教师会把自己的课堂案例及师生互动的书信资料在访谈结束后一并给我，这种访谈过程对研究者了解、共享研究对象关于职业精神教育相关主题内容的理解体验发挥了重要的作用。

2. 访谈问题的设计

设计访谈提纲的目的是确定访谈的方向和访谈的问题，以便作为访谈时的参考。在最初编制访谈提纲时，结合研究的目的，以职业精神的结构模型和职业精神培育的理论模型为依据，访谈提纲的主题重点体现在两个方面。一是教师对职业精神及其职业精神教育的认识现状，包括对"什么是职业精神""为什么要具备职业精神素质""什么样的职业精神最有价值""学生应该接受什么样的职业精神教育""学校能够开展什么样的职业精神教育"等问题的认识；二是职业精神教育过程的实施现状，包括教师对具体的教学目标、教学内容及形式、师生关系的看法和经验。所采取的访谈方式是以此访谈提纲为主。访谈提纲的具体问题设计如表5-3所示。在访谈过程中，如果发现受访教师的语义中有不清楚或者值得进一步探究的线索，研究者会依循谈话脉络继续探究背后的理解，然后再将话题转回到访谈提纲中。

在访谈时，根据每位教师的特点进行开场并随时调整问话的顺序，追问他们话语中的"关键词与词组"，并采用不同的表达方式。提问时研究者主要使用的是非指导性问话，避免使用暗示性语言，或是对教师的介绍表现出一些情感倾向。整个访谈的过程尽量从被访者的角度了解职业精神教育的现状及其现状背后所蕴含的原因，而不是为了验证笔者的一些研究假设。在访谈中，还要注意询问事件中的具体细节和当事人目前的工作状态、职业规划等，以获得比较真实可靠的信息。

表 5-3 访谈提纲的具体问题设计

访谈主题		具体问题
对职业精神及其职业精神培育的认识现状	职业精神	1. 您认为在学生未来职业生涯中，最重要的素质是什么？
		2. 能用 3～4 个词描述一下您对职业精神的理解吗？
		3. 您认为现代职业人，最应该具备哪些职业精神？
	职业精神培育	4. 目前学校最重视培养学生的哪些能力或者素质？
		5. 结合您的教学或者管理工作，谈谈您对学生职业精神培育的想法。
		6. 结合您的工作，谈谈开展职业精神教育最大的困难和障碍是什么。
职业精神培育过程实施现状	教学目标	7. 在您的工作中，涉及关于对学生职业精神方面的教育吗？
		8. 您认为职业精神教育最主要的是培养学生哪些品质？（职业理想？职业态度？职业责任？）
		9. 对于您所承担的课程，学校有具体的关于职业精神教育方面的目标要求吗？谈谈您的课程中关于职业精神教育的目标。
		10. 结合您的工作，谈谈学校关于对学生职业精神的培育取得了哪些成效。
	教学内容及形式	11. 您提到的学生所应该具备的职业精神品质，通过哪些教育途径才能更好地实现？（主题活动、专题实习、校园文化、先进人物讲座等方面展开）
		12. 在您的课中，采用的教材是什么？主要对学生进行哪些方面的职业生涯规划的指导？主要有哪些教学形式？（针对职业生涯课教师）
		13. 在实习实训课程中，有详细的教学计划吗？教学计划中有没有关于实习纪律的具体要求？有没有关于企业精神的介绍、交流与学习？（针对实习实训老师）
	师生关系	14. 对于师德建设，学校开展过哪些活动？（评比活动？）
		15. 您觉得教师对待教学工作和学生的态度会影响到学生将来对待职业工作的态度吗？谈谈您的看法。
		16. 您平时和学生交往密切吗？交往中会给学生讲怎样才能在职业中顺利发展吗？（针对专业课教师）

(三)访谈资料整理与分析

资料分析主要是指操作资料、组织资料、将资料分成许多小单元、综合整理这些小单元、寻找模式、发现可供呈现的资料等步骤，是一项相当复杂的工作①。对访谈资料的处理分析过程主要包括访谈资料的整理简化、访谈资料的分析显示以及访谈资料的类别命名三个步骤。

1. 访谈资料的整理简化

完成访谈后的第一个步骤就是研究者对资料进行整理简化。整理简化是根据研究的目的对所获得的原始资料进行系统化和条理化，然后用逐步集中和浓缩的方式将资料反映出来，其最终目的是对资料进行意义解释②。笔者对每一个访谈资料进行了整理，包括访谈对象的姓名代号、资料收集的日期与地点、访谈中重要的内容片段等。访谈之后，对引发思考的地方，笔者会写备忘录，反省自己在访谈中使用的方法及其对访谈关系、过程和结果的影响。

2. 访谈资料的分析显示

对原始的访谈资料进行了整理简化之后，对照访谈提纲设计所依据的主题，进一步从访谈资料中"寻找"出共同的模式并以有效的方式显示。在访谈资料的分析中，首先将相关内容按照访谈主题即职业精神教育的各个方面进行归类，这样就形成了所有访谈对象就一个主题的访谈报告。然后，提取同一主题下每个教师对应的访谈内容的关键词和词组，并在教师之间进行对比与合并。

3. 访谈资料的类别命名

类别命名是指确定并定义合并后的主题访谈资料的关键词与词组。这些关键词与词组是"数据所暗示出来的概念(但并非数据本身)类别和亚类，通常是通过数据分析中不断比较的方法建构起来的"③。这种分析是一个不断循环往复的过程，需要在具体的资料和抽象的概念之间、归纳和演绎之间以及描述和解释之间等进行反复地琢磨④。访谈分析的类别定义主要来自研究者、研究对象和研究主题三个渠道。最为普遍的是研究者自己提出一些概念或者类别来反映其在访谈资料中所发现的问题。本研究对应设计访谈主题，对访谈资料进行了类别命名，具体呈现在第二节访谈资料结果分析的内容中。

---

① Bogdan R & Biklen S K, *Qualitative Research for Education：Introduction to Theory and Methods*(2ⁿᵈ *ed.*)，Boston Allyn and Bacon，2006，p. 34.

② 陈向明：《质的研究方法与社会科学研究》，269 页，北京，教育科学出版社，2000。

③ Taylor S J & Bogdan R, *Introduction to Qualitative Research Methods.* (2ⁿᵈ *ed.*)，New York，Wiley，1984，p. 36.

④ ［美］莎兰·B. 麦瑞尔姆：《质化方法在教育研究中的应用：个案研究的扩展》，123 页，重庆，重庆大学出版社，2008。

三、问卷研究设计

本研究试图厘清职业院校学生职业精神的真实状态，以及职业院校对学生职业精神培育的现状。基于此研究目的，对学生问卷调查设计的思路，就是通过对职业精神和职业精神培育两个维度进行细化，并依据细化的维度设计具体的问题，最后通过具体问题的调查数据结果进行分析与讨论。

(一)问卷结构与内容设计

依据职业精神及职业精神培育的理论模型，结合对教师访谈资料的分析归类，采用问卷调查法编制了"高等职业院校学生职业精神培育研究的学生调查问卷"。问卷主要采用了李克特式五点量表自陈回答，分为"完全不符合""不符合""不确定""符合""完全符合"五个等级，分别从1～5计分，让被试学生通过自身体验选择作答。

问卷的基本结构包括"问卷导语""学生个人的基本情况"和"'职业精神及职业精神培育'基本情况"三个部分，具体结构及设计的维度见表5-4。

表 5-4　问卷基本结构及设计维度

序号	名称	维度			
第一部分	问卷导语				
第二部分	学生个人的基本情况	姓名			
		年级			
		学校			
		学生干部			
		实习经历			
第三部分	"职业精神及职业精神培育"基本情况	内容维度			执行维度
		测量主题	一级指标	二级指标	三级指标
		职业精神	职业理想	职业志趣	兴趣
					立志
				职业意义价值认同	进取
					奉献
			职业情意	职业情感	专注
					忠诚
				职业意志	自制
					坚持
			职业责任意识	职业规范意识	诚信
					协作
				职业行为意向	勤奋
					创新

续表

序号	名称	维度		
第三部分	"职业精神及职业精神培育"基本情况	职业精神培育	课程教学	职业指导课
				实习实训课
				其他课程
			教师示范	教学态度
			校园文化	物质层面
				制度层面
				文化层面

第一，问卷的导语部分包括问卷的名称、问候语、调查者的身份、调查主题、调查目的的简介及其填写说明等内容。

第二，学生个人的基本情况包括学生的姓名、学校、年级、是否是学生干部以及是否参加过实习五个方面。

第三，"职业精神及职业精神培育"基本情况是本调查问卷的主体部分，主要包括"职业精神"与"职业精神培育"两个量表。

其一，"职业精神"部分是为了了解职业院校学生职业精神的基本状态，其具体内容见表5-5。本部分问卷设计根据研究所定义的职业精神的理论模型，并结合访谈分析中对职业精神核心词汇的提炼与排序，将职业精神最终具化为兴趣、立志、进取、奉献、专注、忠诚、自制、坚持、诚信、协作、勤奋、创新12个维度，对应维度设计题项。

表5-5 "职业精神"具体维度的问题设计

维度	题项	来源
兴趣	1. 我很喜欢现在所学的专业	自编
立志	2. 我立志从事某个职业	自编
进取	3. 我愿意为实现自己的梦想全力以赴	C2转换
奉献	4. 我愿意参加义工或者志愿者活动	自编
专注	5. 我经常会为做一件事废寝忘食	自编
忠诚	6. 我为自己是本学校的一员而自豪	C12转换
自制	7. 我学习效率很高，不会因为不必要的事情浪费时间	C6转换
坚持	8. 面对困难的任务，我愿意长时间的坚持	自编
诚信	9. 我周围有同学考试作弊	自编
协作	10. 同学经常与我分享学习或者生活的经验	Q5、C10转换
勤奋	11. 我每天都在认真学习	C24转换
创新	12. 我在学习中总能产生一些新想法并愿意付诸实践	C23转换

　　题项主要来自两个方面：一是根据访谈分析的结果，即每个题项的表述结合访谈中教师原话的关键词与词组。例如，某一位教师在回答"您认为现代职业人，最应该具备哪些职业精神"中有两个关键词组或者语句："拥有梦想"和"全力以赴实现自己的目标"，在此基础上，对教师的原话进行改进设计成"我愿意为实现自己的梦想全力以赴"的题项；又如，某一位教师在回答"结合您的教学或者管理工作，谈谈您对学生职业精神培育的想法"时提到一个观点，"对职业精神的培育，关键是培育学生对自己专业的热爱，因为学生的专业对应着他未来将要从事的职业"组成了问卷的题项"我很喜欢现在所学的专业"。

　　二是参考了 Q12 量表和 C27 量表中的部分题项。本研究将"敬业乐业"作为职业精神表现的总的行为特征，因此，职业精神目标维度的测量通过"敬业乐业度"来实现。目前敬业度的测评方法主要是国外学者开发的，目的是管理。通过测评了解员工的敬业状况后，企业采取切实可行的方法加以改进和提高。比较成熟的量表包括盖洛普公司的测评方法（Q12）、麦斯德咨询企业的测评方法、欣赏探询法（AI）、他人最佳自我评定法（RBSA）、多元信息评定（MSIA）。以上方法中，Q12 量表是盖洛普公司历经 25 年调查，对 1000 万名员工、8 万名经理、召开 1000 多次座谈会后高度概括得出的 12 项衡量敬业度的最有影响力的标准。我国学者杨波则针对国内企业员工的访谈研究概括出了 3 个维度 27 项衡量要素的敬业度测评工具 C27 量表。本研究关于职业院校学生的职业精神状况的问卷题项设计将参照以上两个量表。选取这两个量表作为依据的原因包括两点：一是量表中所定义的"敬业"是指在工作中表达和投入自我，包括专业敬业和感情敬业，具体体现在热爱、激情、爱心、满足、投入等方面。其含义与本研究中的"敬业乐业"的内涵基本一致。二是学生职业精神的培育与企业的要求密切相关，因此，从企业的视角来测量目前学生的职业精神状况，对职业教育的人才培养更具针对性。而参考的过程，则是在综合两个量表题项的基础上，包括两个步骤：一是增减题项，即删除学校视角下不能测量的题项，同时，基于本研究构建的理论模型及访谈分析的结果，增加需要测量的题项；二是转换题项，即以"学校结合专业学习培育学生职业精神"的教育理念为依据，将企业视角下的题项设置转换成学校视角下的题项。另外，题项设置遵循事实描述和他人评价两个原则，即尽量通过事实反映具体维度的内涵，而对于涉及个人隐私的问题，则将题项转换成对他人的评价来反映被调查者的想法。

　　其二，"职业精神培育"部分主要是为了掌握高等职业院校对学生职业精神培育的现状，题项设计的具体内容见表 5-6。本部分的问卷设计依据"职业精神培育路径"的文献分析和第四章所建构的职业精神培育理论，结合对教师访谈分析的结果，提炼并补充了影响职业精神培育的因素，具体细化为"课程教学""教师示范"和"校园文化"三个维度，其中"课程教学"维度又分为"职业生涯指导课""实习实训课"和"其他课程"；"教师示范"维度具化为"教学态度"；"校园文化"维度具化为"物质层面""制度层面"和"文化层面"。题项主要来自访谈分析的结果，例如，某一位教师在回答"您提到的学生所应该具备的职业精神品质，通过哪些教育途径才能更好地实现"中有两个关键词组："主题活动"和"专题实习"在此基础上，笔者对应"主题活动"设置了3个题项，对应"专题实习"设置了4个题项。

表 5-6 "职业精神培育"具体维度的问题设计

维度		题项	来源
课程教学	职业生涯指导课	13. 学校开设了职业生涯指导课	自编
		14. 我觉得学校的职业生涯指导课很受欢迎	
	实习实训课	15. 在实习实训中，学校制定了严格的迟到早退制度	
		16. 我清楚了解实习岗位的工作规范	
		17. 我在实习实训中听过关于企业文化的介绍	
		18. 我在实习实训中经常和技术工人交流	
	其他课程	19. 学校老师经常在教学中对我们进行"责任、诚信、敬业"教育	
教师示范	教学态度	20. 我的老师工作很认真	
		21. 老师对待教学的态度影响了我的学习态度	
校园文化	物质层面	22. 我所学专业在校内有实习实训基地或实验室	
		23. 我对校内的实习实训基地很满意	
	制度层面	24. 学校对考试作弊有严厉的处罚措施	
		25. 我参加过学校表彰优秀老师或者学生的大会	
	文化层面	26. 我经常在学校看到名人名言	
		27. 我听过学校举办的励志讲座	
		28. 我参加过学校举办的技能大赛、演讲、志愿者服务等活动	

(二)问卷的试测与分析

1. 问卷试测的过程

问卷设计者只有与教育调查研究所涉及的对象进行沟通，通过不同的渠道全面了解研究所要调查对象的特征、背景及现状，分析调查可能面临的机遇与难题，才能不断地清晰把握研究设计是否接近或符合实际情况，以提高问卷设计的质量。为此，选择了天津一所职业院校的120名学生对问卷的初稿进行了试测。在试测前，请参与试测的学生关注以下主要问题：问卷的要求是否清楚明白、哪些问题不够明确或模棱两可、还有什么重要的问题被问卷遗漏了、重点问题是否引人注目、答题的时间是否适中？等。

2. 问卷试测分析与修订

在理论研究和访谈资料的基础上，研究者按照两个方面(每个方面三个维度)共计28道题目设计形成了预调查问卷。量表采用李克特式五点量表，从"完全不符合"到"完全符合"5个等级记分制，反向叙述，则反向计分。根据预调查的数据，研究者对问卷进行了项目分析、效度分析和信度分析，以形成具有良好信效度的正式调查问卷。

项目分析主要作为个别题项筛选或修改的依据。如表 5-7 所示，项目分析结果显示，所有题目临界比值均达到显著，说明题目均有较高的鉴别力，无须对题目进行删减。

表 5-7　问卷项目分析

题目	高低分组	个数	平均数	标准差	T 值
我很喜欢现在所学的专业	1 高分组	137	4.23	0.86	9.11***
	2 低分组	130	3.03	1.251	
我立志从事某个职业	1 高分组	137	4.26	0.777	8.597***
	2 低分组	130	3.3	1.017	
我愿意参加义工或者志愿者活动	1 高分组	137	4.34	0.844	5.89***
	2 低分组	130	3.68	0.981	
我愿意为实现自己的梦想全力以赴	1 高分组	137	4.48	0.62	7.259***
	2 低分组	130	3.66	1.138	
我经常会为做一件事废寝忘食	1 高分组	137	3.91	0.943	6.352***
	2 低分组	130	3.14	1.047	
我为自己是本学校的一员而自豪	1 高分组	137	4.21	0.878	10.759***
	2 低分组	130	2.77	1.267	
我学习效率很高，不会因为不必要的事情浪费时间	1 高分组	137	3.84	0.979	9.085***
	2 低分组	130	2.74	1	
面对困难的任务，我愿意长时间坚持	1 高分组	137	4.14	0.842	8.448***
	2 低分组	130	3.16	1.033	
同学经常与我分享学习或者生活的经验	1 高分组	137	4.07	0.837	8.131***
	2 低分组	130	3.08	1.121	
我每天都在认真学习	1 高分组	137	3.73	0.943	8.189***
	2 低分组	130	2.75	1.004	
我在学习中总能产生一些新想法并愿意付诸实践	1 高分组	137	4.31	0.705	12.168***
	2 低分组	130	2.94	1.091	
学校开设了职业生涯指导课	1 高分组	137	4.5	0.654	10.242***
	2 低分组	130	3.33	1.13	
我觉得学校的职业生涯指导课很受欢迎	1 高分组	137	4.14	0.884	9.265***
	2 低分组	130	3.12	0.92	

续表

题目	高低分组	个数	平均数	标准差	T值
在实习实训中，学校制定了严格的迟到早退制度	1 高分组	137	4.36	0.704	9.746***
	2 低分组	130	3.4	0.886	
我清楚了解实习岗位的工作规范	1 高分组	137	2.96	1.884	12.328***
	2 低分组	130	0.56	1.251	
我在实习实训中听过关于企业文化的介绍	1 高分组	137	2.77	1.749	12.307***
	2 低分组	130	0.52	1.202	
我在实习实训中经常和技术工人交流	1 高分组	137	2.8	1.787	11.705***
	2 低分组	130	0.57	1.294	
老师对待教学的态度影响了我的学习态度	1 高分组	137	4.26	0.875	6.907***
	2 低分组	130	3.45	1.012	
我对校内的实习实训基地很满意	1 高分组	137	4.32	0.663	10.865***
	2 低分组	130	3.12	1.078	
我的老师工作很认真	1 高分组	137	4.53	0.595	8.113***
	2 低分组	130	3.73	0.955	
我参加过学校表彰优秀老师或学生的大会	1 高分组	137	4.33	0.85	13.203***
	2 低分组	130	2.75	1.079	
我经常在学校看到名人名言	1 高分组	137	4.39	0.646	11.093***
	2 低分组	130	3.11	1.163	
我听过学校举办的励志讲座	1 高分组	137	4.27	0.87	8.486***
	2 低分组	130	3.14	1.262	
我参加过学校举办的技能大赛、演讲、志愿者服务等活动	1 高分组	137	4.4	0.861	13.328***
	2 低分组	130	2.5	1.394	

　　探索性因素分析是获得建构效度的主要方法。"职业学生职业精神状况量表"（表 5-8）经探索性因子分析（使用"最大变异法"正交旋转，舍弃因子负荷量小于 0.5 的题目），共计删除 1 道题目后形成正式问卷。探索性因子分析显示，"职业学生职业精神现状量表"的 KMO 指标为 0.814，Bartlett's（巴特利）球形检验统计量达到显著，累积解释变异量为 54.098%，表明问卷具有良好的建构效度。正式问卷包含三个维度，分别命名为"职业理想""职业情意""职业责任"。

　　内部一致性系数可以用来考察量表的信度，职业理想层面（"我立志从事某个职业""我愿意参加义工或者志愿者活动""我很喜欢现在所学的专业""我愿意为实现自己的梦想全力以赴"）内部一致性系数为 0.702；职业情意层面（"我学习效率很高，不会因为不必要的事情浪费时间""我为自己是本学校的一员而自豪""我经常会为做一件事废寝忘食""面对困难的任务我愿意长时间坚持")内部一致性系数为 0.617；职业责任层面("我在学习中总能产生一些新想法并愿意付诸实践""我每天都在认真学习""同学经常与我分享学习或者生活的经验")内部一致性系数为 0.624，问卷总体信度为 0.793。问卷具有良好的信度水平。

表 5-8 "职业学生职业精神状况量表"转轴后成分矩阵

题目	成分		
	1	2	3
我立志从事某个职业	0.742		
我愿意参加义工或者志愿者活动	0.736		
我很喜欢现在所学的专业	0.654		
我愿意为实现自己的梦想全力以赴	0.539		
我的学习效率很高，不会因为不必要的事情浪费时间		0.713	
我为自己是本学校的一员而自豪		0.708	
我经常会为做一件事而废寝忘食		0.547	
面对困难的任务我愿意长时间地坚持		0.544	
我在学习中总能产生一些新想法并愿意付诸实践			0.799
我每天都在认真学习			0.744
同学经常与我分享学习或者生活的经验			0.546

"职业学生职业精神培育状况量表"(表 5-9)经探索性因子分析(使用"最大变异法"正交旋转，舍弃因子负荷量小于 0.5 的题目)，共计删除 2 道题目后形成正式问卷。"职业学生职业精神现状量表"的 KMO 指标为 0.859，Bartlett's 球形检验统计量达到显著，累积解释变异量为 70.222%，表明问卷具有良好的建构效度。正式问卷包含四个维度，分别命名为"实习实训""校园文化""职业生涯指导课和其他课程""教师示范"。

以内部一致性系数可以用来考察量表的信度，实习实训层面("我清楚了解实习岗位的工作规范""我在实习实训中听过关于企业文化的介绍""在实习实训中，学校制定了严格的迟到早退制度""我在实习实训中经常和技术工人交流")内部一致性系数为 0.986；校园文化层面("我听过学校举办的励志讲座""我经常在学校看到名人名言""我参加过学校举办的技能大赛、演讲、志愿者服务等活动""我参加过学校表彰优秀老师或者学生的大会""学校对考试作弊有严厉的处罚措施")内部一致性系数为 0.742；职业生涯指导课和其他课程层面("我觉得学校的职业生涯指导课很受欢迎""学校开设了职业生涯指导课""学校老师经常在教学中对我们进行'责任·诚信·敬业'教育")内部一致性系数为 0.694；教师示范层面("老师对待教学的态度影响了我的学习态度""我的老师工作很认真")内部一致性系数为 0.475，总体信度为 0.820。第四层面尽管信度水平稍低，但能够综合反映教师的教学情况，是学生职业精神培育的重要指标，故问卷最终保留该维度。总体而言问卷具有良好的信度水平。

表 5-9 "职业学生职业精神培育状况量表"转轴后成分矩阵

题目	成分			
	1	2	3	4
我清楚了解实习岗位的工作规范	0.980			
我在实习实训中听过企业文化的介绍	0.975			
在实习实训中，学校制定了严格的迟到早退制度	0.967			
我在实习实训中经常和技术工人交流	0.965			
我听过学校举办的励志讲座		0.735		
我经常在学校看到名人名言		0.717		
我参加过学校举办的技能大赛、演讲、志愿者服务等活动		0.705		
学校对考试作弊有严厉的处罚措施		0.521		
我觉得学校的职业生涯指导课很受欢迎			0.841	
学校开设了职业生涯指导课			0.755	
学校老师经常在教学中对我们进行"责任·诚信·敬业"教育			0.526	
老师对待教学的态度影响了我的学习态度				0.804
我的老师工作很认真				0.708

(三)问卷的取样

为了得到有代表性的能反映事物总体本质的、真实而可靠的数据，必须采用科学的抽样方法，通过抽样得到的样本数据的信息来推断总体相应的特征或性质。由于研究者自身研究条件、研究时间等方面的限制，本研究以天津市为例，选取了五所高等职业院校的在校学生作为研究群体，主要采用了分层随机抽样的办法，发放问卷 590 份，回收 573 份，回收率为 97.1%。调查完成后，本着宁缺毋滥的原则对回收问卷进了严格筛选，504 份学生问卷成为本次调查最终获得的有效样本，学生问卷有效率为 88%。抽取样本的基本情况如表 5-10 所示。

表 5-10 样本基本情况

个人背景	项目	编号	有效问卷数/份	频数/人	百分比/%
性别	男	1	504	231	45.8
	女	2		273	54.2
学校类型	国家示范	1	504	289	57.3
	天津市示范	2		103	20.4
	一般	3		112	22.3
年级	大一	1	504	217	43.1
	大二	2		159	31.5
	大三	3		128	25.4
实习经历	有	1	504	226	44.8
	无	2		276	55.2
学生干部	是	1	504	199	39.5
	否	2		305	60.5

第二节 高等职业院校学生职业精神培育的实证分析

一、对有职业精神教育经验教师的访谈分析

质的数据分析和报告阶段，主要回应访谈研究设计的两个目的，对访谈的资料进行足够详尽的描述，尽可能"从优势数据中形成有合力的结论或者概括"，以显示研究的结论是"有意义的"①。需要说明的是，研究不可能对所有访谈对话的内容进行说明。在选取具体的教师原话进行说明时，笔者选择的是那些强调职业精神对现代职业人重要性的共性而非差异的部分，希望结合教师对具体职业精神教育教学或者管理经验的描述和观点，对职业精神的内涵及其教育有更加直接和感性的认识。

(一)对职业精神的认识

通过对基于访谈提纲中关于"您认为在学生未来职业生涯中，最重要的素质是什么""用3~4个词描述一下您对职业精神的理解""您认为现代职业人，最应该具备哪些职业精神"等问题的访谈资料的分析，教师普遍认为，对学生职业精神的培育非常

---

① Taylor S J & Bogdan R, *Introduction to Qualitative Research Methods.* (2nd ed.). New York, Wiley, 2004, p.139.

重要和必要，对职业精神的认识提及的 21 个核心词汇及其频次具体见表 5-11。

表 5-11　职业精神核心词汇及其频数

序号	职业精神	频数	教师编号
1	敬业	13	A2、A3、A4、A5、A6、A7、B1、B3、B4、C1、C4、C5、C6
2	热爱	11	A2、A3、A5、A6、A7、B1、B2、B3、B4、C4、C6
3	诚信	7	B4、C1、C2、C4、A7、A4、B4
4	合作	6	A1、C2、A2、B3、A4、C6
5	负责	6	A1、B1、C2、A3、A5、B5
6	创新	4	A2、A7、B2、C5
7	踏实	4	A3、B2、B4、C1
8	奉献	3	A2、B2、B3
9	认真	3	B2、B3、C5
10	专注	3	A5、B5、C6
11	实干	3	B4、C3、A7
12	高效	2	B5、C3
13	进取	2	A2、C5
14	坚持	2	A7、C2
15	勤奋	2	A7、C6
16	开拓	2	A7、A3
17	忠诚	2	C1、C2
18	超越	2	A1、C3
19	专业	1	B5
20	主动	1	C3
21	执着	1	B2

　　虽然受访教师承认职业精神对学生职业成长的重要性，但是在回答"目前学校最重视培养学生的哪些能力或者素质"时，都表示"职业技能""动手能力"是高等职业教育现阶段的主要目标，只有 2 名教师(A3、A7)补充说明了学校在重视学生技能的基础上也重视对学生职业素质的培养。综合访谈问题 1～8 题的资料分析，教师对职业精神的认识主要体现在两个方面：一是对于职业精神的理解多是感性认识。当受访教师用 3～4 个核心词汇回答完职业精神的内涵，笔者继续追问核心词汇所蕴含的意义时，教师多抛开了自己的教育工作，谈一种感性的社会认识。有的教师(A2)也很坦率地表示："很难真正地理解企业的职业精神，因此，也很难使全体学生真正做到这些。"实质上，对于职业精神本质的理解非常重要。企业和学校虽

然是不同的组织，企业员工和教师虽然承担着不同的工作，但是"殊途同归"——不同的职业有不同的职业精神的具体要求，而"敬业乐业""创新进取"等职业精神质的规定性是相通的，是现代职业人都必须具备的职业品质。然而，受访教师对于职业精神的上述本质并没有过多的关注，谈及的内容多是感性的认识，缺乏理性的探究。二是关于职业精神的内容侧重于态度和责任，对理想并没有引起重视。基于对"您认为职业精神教育最主要的是培养学生哪些品质"的回答，有 15 位教师强调职业精神教育主要是职业态度的观点，认为"目前学生普遍存在不务实、好高骛远的状况，没有调整好角色定位"(A6)；11 位教师强调职业责任教育是重点，"虽然职业理想、态度和责任这些都很重要，但最首要的可能是职业责任，一个具有责任心的人，比较容易形成正确的职业态度，并在工作中逐渐找到自己的职业理想"(B1)；而关于职业理想，"由于职业学生的特点，在职业教育中的培养意识并不是很强"(A2)，"大部分学生在上大学前并没有形成良好的学习习惯，因此，职业教育通常会从养成教育抓起"(A7)，而且"没有真正让自己扎根岗位的本事，谈不上理想"(C2)。

(二)影响职业精神培育的因素分析

1. 课程活动提供职业精神培育的重要载体

受访教师在回答"通过哪些教育途径才能更好地实现对职业精神的培育"时，结合自己的工作都强调了课程活动是职业精神教育的重要载体。然而从访谈资料的分析中，却发现了矛盾的结果：一方面，负责学校文化管理工作的教师从学校文化建设的角度，阐述了自己学校对学生职业素养培养的理念，并列举了生动的事例，包括主题活动、企业实习、先进人物讲座等；另一方面，具体的任课教师却从实际教学过程中遇到的困难和障碍谈了自己的困惑。下面通过典型的访谈资料，呈现受访教师的所思所想。

我们学校倒是没有明确提出关于对学生的职业精神教育，不过我觉得学校在企业文化走入校园方面的做法可能对你有帮助。我们学校的做法主要有两个途径：一是在校内实训或者校外实习的过程中，我们把企业文化有关的内容引进来。例如，企业对时间观念的理解，遵守制度、讲求精益求精究竟有什么意义等。学生在企业里实习，要求做到学习工人的劳动态度和认真负责的精神，要学习技术人员解决问题的思维方法，要向企业的老总学习如何创业。通过一种氛围引导学生。二是鼓励学生开展各种文化活动。例如，举办各种文化节，各系都组织学生积极参与……(A3)

一位教师(A5)在回答"结合您的工作，谈谈学校关于对学生职业精神的培育取得哪些成效？"时，列举了三个事例。

事例 1：财会金融学院连续六年走进大山深处的思政教育基地——四明山棠溪村，开展"青春寻访道德庭，自律意识进我心"社会实践活动。

事例 2：学校外国语学院 2010 届毕业生、广东锐马机械有限公司总经理陈超，不仅吸收了 10 多名师弟师妹进入公司发展，他还多次回到学校，在创业讲座中现身说法，教育效果非常好。

事例3：2011年，商贸学院09物流（1）班56位同学自发设立了"无人小摊"，开张近一年，每天收款与售出商品标价完全吻合，从而弘扬了校园诚信之风。《中国教育报》《教育信息报》《宁波日报》《东南商报》《钱江晚报》《网易》《搜狐网》《浙江在线》等媒体分别做了报道，《宁波电视台》等媒体还于一年后做了后续报道。目前，该"小摊"已经发展成为"诚信"系列组织，下设诚信小店、诚信书屋等。

另一位教师（A6）在介绍学校为传承商帮文化"诚信、务实、创新"的精神中说道：

我们学校从2002年开始，每年11月份固定举办校园商品展销会，会期5天，展销的商品包括家居用品类、礼品与装饰品类等，每位参展学生自主经营、自负盈亏。展会期间整个校园相当于一个会展场馆。学校提供2000平方米的场地，并提供展会所需要的各种设备，如展架、桌椅、水电等，为学生搭建了一个真实的交易平台（平台搭建）；展位主要分精品屋和简易摊位。精品屋：3×3平方米标准展位，可重复使用；简易摊位：一般为1.5×1.5平方米的摊位，由学校提供的简易书桌搭建而成（展位配置）；由学生自主决定代销或经销，也鼓励学生与外来厂商洽谈来校设摊，学生提取设摊费20%。商贸类专业每个寝室一个摊位，其他班级每班至少4个摊位，确保每年200个左右的摊位（自主经营）。通过举办校园商品展销会，让学生全程参与展会的筹备分工、招商引资、展会促销、现场管理等各个环节，培养学生诚信人格、务实精神、创新能力和团队合作意识。

通过上述访谈资料的内容可以看出，目前职业院校从理念上对如何培养学生具有职业精神进行了很多探索，主要体现在主题人文活动和专题实习实训两个方面。然而通过具体教师的教学反馈，这些活动的举行似乎与学校开设的职业生涯指导课和专业课并没有很好地关联。

这样的活动有的时候给学生一种感觉：学校进行这方面的活动是为了解决我们当中的什么问题而进行的；甚至有时并非为了解决什么问题，而只是为了应付某种评估检查，为填补材料空缺而制造问题与解决方案而进行的；这些作假作秀有时候只会引起学生的反感与应付。此外，还可能出现的问题是，教育者常常是以一贯正确的、以上对下的口气在进行实际教育，话题说着说着就暗含着对学生某些行为的不满，对学生某些行为的指责，对学生某些行为的批判，甚至表现出来对他们的未来担忧。（C3）

一位职业生涯课老师（B3）在谈到自己的课程设计中说道：

现在学校要求每门课都要说课，而关于对学生素养的培养目标不仅要体现在整门课中，而且要求具体到每个单元中……学校在培养学生素养方面的确举办过各种校园活动，但我认为，对学生职业精神的培育关键是如何让学生认同自己未来的职业，比如说如何成为一名优秀的技术工人，这才是最重要的……目前，我的就业指导课就是常规教学，只有小部分关于职业精神方面的内容，这要看任课教师对这个问题的重视程度和认识程度，没有统一的课程教学计划和课程标准，也没有统一的教材，教学方式以课堂教学为主……而且，据我了解，大部分职业院校都是在思想道德修养与法律基础课中渗透关于就业的教育，更谈不上关于职业精神的系统教育……

一位专业课教师(C6)结合自己的课堂教学谈到自己的苦恼：

职业精神的培育，态度很重要，直接地反映到学习态度上，我觉得开展职业精神教育最大的困难和障碍是对于学生思维的改变。长期的大学教育，使学生形成了懒惰、游手好闲的思维(个人认为绝大多数职业学生如此)，改变学生的这种长期习惯很难。

"如何改变学生对职业精神教育的认识不足，没有学习热情"(B3)的现状，"如何突破只是空说，缺乏感染力，不接地气"(A1)的教学形式，"如何将职业精神的教育有机地融入日常教学中"(B1)，真正能够通过课程活动这种载体，让学生体验到职业的意义和价值，确立远大的职业理想，并能够从转变学习态度开始，把对职业精神内涵的理解融入学习行动中，这是职业教育内容选择和组织需要深入思索的问题。

2. 教师示范树立职业精神培育的榜样力量

参与访谈的 18 位教师中，其中有 16 位老师完全赞同教师对待工作的态度将潜移默化地影响学生的学习态度，而端正的学习态度的养成对未来学生的职业观也将产生直接的影响；另外有 2 位教师认为，"会有一定的影响，但这种影响可能是间接的，关键还是看学生个人的认识与领悟"(B1)，因为"一个人生活的积极态度与自我意识是影响其对职业工作态度的重要因素。学校如果能引导好，肯定整体上可以促进学生对于工作环境的认知，但一个班级里的学生总有差异，所以，个体差异才是职业态度的根本区别，学校教育的作用有限"(A1)。

16 位持赞同意见的受访教师在回答"您觉得教师对待教学工作和学生的态度是否会影响到学生将来对待职业工作的态度"这个问题时，都表明了"教师是学生的引路人，教师的言行会对学习过程中的学生产生深远的影响，所以教师要言传身教，自己首先要以身作则，为学生树立一个榜样"(C4)的观点，因为教师工作的突出特点是劳动手段的主体性，即劳动的实行者与基本手段是融为一体的。教师的思想言行、感情意志、道德品质和威信影响力以教师的真实内在的自我面貌呈现在学生面前。因此，教师个人不直接作用于学生，就不可能有真正渗入性格的教育。只有个性才能作用于个性的发展和形成，只有性格才能养成性格。

师者，所以传道授业解惑也，教师的一言一行在无形中就会成为学生学习和模仿的对象，同样，教师在自己的职业工作中，对待教学和学生的态度，潜移默化中也会成为学生的学习对象。(B5)

一位教师结合职业学生"学习失败者"的角色特征，表达了自己的观点。

教师的教学态度直接影响到学生学习的积极与否，从而成为制约教学效果的一个重要因素。教师积极的教学态度为促进学生学习而采取的个性化的行为包括：唤醒、赏识学生，提高学生的学习能力，增强他们的自尊心与自信心，缓解他们的焦虑感，形成并巩固他们待人处世的积极态度等(C3)。

另一位教师(C1)更是通过展示了一封学生给他的来信表达了教师对学生人生发展的重要性。

致刘老师：

先说说我自己吧。

我从小读书成绩就很差，小学数学应用题全军覆没，像家常便饭一样，为此，我被优秀的同学嘲笑过、排斥过。上了初中，我开始感受到了压力，因为我的表哥表姐们有几个考上了顺德一中。同时，我也不想再受同学的嘲笑，不想再看到老师的冷眼。但是，不管我初中再怎么努力，中考我还是以几分之差与普高无缘，所以我的高中是在镇上的中专读完的。当我以全班第一名的高考成绩考入顺职院的时候，我看到了很多小学的同学，他们在小学的时候数学都比我好。而跟我差不多水平的也很多出来工作了。有一段时间，我心中一阵阵欢喜，但是后来我发现，我们与普高的学生还是有差别的。他们的逻辑、他们的思维，明显比我们强、比我们快。我们中专考上来的同学和他们能比的只有勤奋。虽说如此，课室上我还是很不喜欢有些老师公然说出对我们中专生的不满，我们所经历的虽然与普高不能相提并论，但我也有一颗追逐梦想的心。

时至今日，我一刻都没有让自己放松过，甚至给了自己很多压力。因为我不想落后于我的亲戚。我想让我的父母过上安逸舒适的生活，我不想出来工作后像个机器人一样，每天重复着一样的动作。

再说说学习这门课的感想。

八个星期的商务沟通课结束了，但这八个星期绝对是我大学生活的难忘回忆，不论是课程本身的内容还是老师本身。按照我的理解，我认为每一个大学老师都是人才，因为他们有着理想的学历、丰富的人生阅历，最重要的是有着一份悠闲且收入稳定的工作。但与此同时，我也认为大学老师多半是冷漠的，这可能是大学老师并不像高中老师和初中老师那样和我们朝夕相处，熟知我们每个人的性格行为吧！在学校的3年里，我认为有60%的老师都是毫无表情地对着电脑"朗诵"上课内容。很多时候，我明白老师的难处，因为讲课时看着讲台下的学生玩手机、聊天、睡觉，自己就像一个透明人，没有存在的必要。

刘老师总是把你的热情传递给每一个学生，但我们物流班的同学就好像一个绝缘体。我们正处于热血年代，却偏偏少了那份冲劲与执着。我是团委实践部的一名旧干，很多时候我总会不自觉地拿部门的人和班里的人做对比。部门的人总是有自己的目标，有自己的思想，有对未来的规划并为之而奋斗努力，而班里的人更多时候是优哉优哉地享受当下生活。我觉得我们现在用应该奋斗的年龄去享受，那么，将来我们会在应该享受的年龄里很辛苦地为生活而奔波。每一次看到老师在讲台上用渴望的眼神望着我们，却难以找到回应，那种失望，那种叹息，我真的无法用言语来表达。

一直以来，我都以自己是一名"90后"为耻，我们不想听到被别人批评的声音，却总是做着一些令别人不得不批评我们的事。我们只会享受在锦衣玉食的生活里，只会依靠在父母的臂弯下。除了翻看娱乐花边新闻，了解最新的科技资讯，我们对社会的发展毫不关心。我们已不是小孩，是时候从父母的肩膀里接过重担了。

翻滚吧，少年！

通过对上述访谈资料的整理，笔者认为师生关系既有人际影响的社会性，又有引起预期行为变化的教育性。这种关系从建立、发展到完善的过程中体现了教育者的个性影响力对受教育者的吸引、交往和逐渐渗透的过程。因此，教育者的个性在受教育者的精神形成中具有参照作用，而有意识地以自己的个性、人格发挥精神教育的作用不仅是必须的，而且是可能的。

3. 校园文化营造职业精神培育的体验氛围

精神教育是一种理解体验的过程，受访教师赞同职业精神教育应该是一个文化渗透的过程，而"校园文化的作用就好比是一锅汤汁，不同个性的学生就好比是白菜、土豆、萝卜等，当他们通过学校文化这锅汤汁的浸泡后，个性之中便都具有某种共同的、可以明晰辨识的内涵属性，如同汤汁浸染过的'泡菜'，这就是校园文化所应发挥的作用和功效"。(C7)

校园文化的建设包括物质层面、制度层面和精神层面的建设，不同的受访教师从不同的侧面谈了自己学校的校园文化建设。一位负责学校文化宣传工作的教师(A5)详细介绍了学校"责任教育"理念引导下的校园文化设计。

从精神层面上，学校明确了"尚德明责、笃学强能"的校训，校训中的"明责"即明确自己所担负的责任，"责任"成了学校精神的重要注脚。学校通过建立责任文化园地、责任文化长廊，悬挂责任文化标语，设置责任文化橱窗，使广大学生增强责任意识，实现由"要我讲责任"到"我要讲责任"的转变。……从制度层面上，学校组织出版了《大学生公共责任文化素质养成》《大学生职业责任文化素质养成》《大学生责任文化素质养成资源手册》等，用于指导具体实践。此外，通过评选"感动城院学子""十佳大学生"等，树立先进学生典型，通过举办颁奖晚会、媒体宣传等途径，充分发挥先进典型的引领作用。……从物质层面上，学校提出了"进校门就是进公司"的理念，从2007年开始，学校制定了打造"公司制"平台的规划，二级学院环境学院率先成立了"卓越集团股份有限公司"，之后各个二级学院成立了相应的公司。这些公司有的是虚拟的，有的是实体的。在公司里，对学生进行基于企业文化和企业管理的职业素养养成训练，把企业对员工的要求分解到学生的日常行为规范中，让学生提前体验。

一位教师(A4)在谈到校园文化时，重点说了新校区的建筑特色。

以前关于学生工作，都是班主任在管，更像是高中班级管理，管的是学生不出事。但是上我们学校的都是大学生，他们应该感受到大学文化。比如说，在校园文化的打造上，因为我们是工业类学校，从新校区设计开始就把工业理念打造在里面，所以我们每栋楼的墙上基本都有很大的一个黄色的内圆外方标识，中间一个"工"字，体现工业类学院传统发展的根基。而且我们的办公楼挂了老校区的相片，并附有学校发展历史的介绍，使新来的学生看了就可以了解学校的历史，教师看了也会感到很亲切。

文化育人已经成为学校教育的共识，而职业院校如何将职业文化与育人联系起来，并巧妙地通过学校的硬件设施、制度举措、精神活动串联起来，这是一项系统的工程。这一工程"校领导的责任很大，他的办学思路、教育热情直接决定了职业的前程"。(C2)

二、对高等职业院校学生的问卷调查分析

本研究依据职业精神的结构模型、"职业精神培育路径"的文献分析以及职业精神培育理论，对"高等职业院校学生职业精神培育现状"的问卷调查进行了二元六个子维度的拆解，并设计了对应的具体题目。通过对获得数据的统计分析，进而得到与高等职业院校学生职业精神培育有关的相关信息，客观真实且针对性地反映现实状态，为进一步探究问题提供参考。

(一)高等职业院校学生对职业精神的自我感知

通过使用统计软件 SPSS17.0，对获得的 504 个有效样本进行统计分析，将对高等职业院校学生职业精神各要素的调查总体情况、具体调查结果统计以及不同身份、年级、实习经历、不同院校类型学生的自我评价呈现如表 5-12、表 5-13、表 5-14、表 5-15、表 5-16、表 5-17 所示。

1. 高等职业院校学生对职业精神自我感知的总体分析

如表 5-12 所示，通过分析可以看出，"职业理想"这一层面得分最高，其符合度百分比为 71.9%；其次是"职业情意"这一层面，其符合度百分比为 64.0%；"职业责任意识"这一层面排在最后，其符合度百分比为 62.9%。职业院校学生职业精神各要素的调查总体情况(三个层面加总)得分为 3.66，处于不确定与符合之间，其符合度百分比为 66.6%，说明职业院校学生职业精神总体符合度一般，属于中等程度。另外，职业精神各要素的具体调查结果统计显示如表 5-13 所示，"我每天都在认真学习"的得分最低，为 3.24 分，与教师访谈中所反映的职业院校学生的学习态度基本吻合。

表 5-12　职业精神各要素的调查总体情况

层面	人数	最小值	最大值	均值	标准差	符合度
职业理想	504	1	5	3.88	0.76	71.9%
职业情意	504	1	5	3.56	0.69	64.0%
职业责任意识	504	1	5	3.52	0.79	62.9%
职业精神各要素的调查总体情况	504	1.18	5	3.66	0.61	66.6%

表 5-13 职业精神各要素的具体调查结果统计

题目	均值	标准差	方差	比例（单位：%）				
				完全不符合	不符合	不确定	符合	完全符合
我很喜欢现在所学的专业	3.62	1.214	1.473	9.5	10.5	11.3	46.0	22.6
我立志从事某个职业	3.71	1.043	1.089	3.2	11.3	20.0	42.3	23.2
我愿意参加义工或志愿者活动	4.06	0.927	0.859	1.4	6.3	12.7	44.0	35.5
我愿意为实现自己的梦想全力以赴	4.12	0.950	0.902	1.8	5.6	12.3	39.5	40.9
我经常会为做一件事废寝忘食	3.45	1.048	1.099	3.2	16.7	28.4	35.5	16.3
我为自己是本学校的一员而自豪	3.63	1.210	1.463	8.9	8.5	19.4	37.1	26.0
我的学习效率很高，不会因为不必要的事情浪费时间	3.43	1.101	1.212	4.0	18.3	26.8	32.9	18.1
面对困难的任务，我愿意长时间坚持	3.73	0.983	0.966	3.4	6.9	24.4	44.0	21.2
同学经常与我分享学习或者生活的经验	3.55	1.094	1.198	6.3	11.9	18.3	47.0	16.5
我每天都在认真学习	3.24	1.069	1.143	7.3	16.5	29.0	38.7	8.3
我学习中总能产生一些新想法并付诸实践	3.76	1.029	1.060	4.8	5.2	24.0	41.9	24.2

2. 高等职业院校学生对职业精神自我感知的差异分析

（1）身份差异

通过对学生在大学期间"是否担任过学生干部"在职业精神各个层面的差异比较（表 5-14）可以看出，两类学生在"职业理想"这个层面上的得分不存在显著性差异，但在"职业情意"和"职业责任意识"这两个层面存在显著性差异，担任过学生干部的得分显著高于没有担任过学生干部的学生。

表 5-14　不同身份学生在职业精神各个层面的差异比较

层面	是否担任过学生干部	人数	均值	标准差	T 值
职业理想	是	199	3.9271	0.783 97	1.204n. s.
	否	305	3.844 3	0.736 12	
职业情意	是	199	3.649 5	0.696 27	2.383*
	否	305	3.499 2	0.685 7	
职业责任意识	是	199	3.649 9	0.696 11	3.216**
	否	305	3.428 4	0.839 06	

注：n. s. $p>0.05$, * $p<0.05$, ** $p<0.01$。

（2）年级差异

职业院校学生对职业精神的自我评价（表 5-15），在"职业理想"层面和"职业情意"层面，大一学生明显高于大二、大三学生；在"职业责任意识"层面显示了职业院校学生对职业精神自我评价逐年下降的年级特征。

表 5-15　不同年级学生在职业精神各个层面的差异比较

层面		平方和	自由度	平均平方和	F 检验	事后比较
职业理想	组间	23.091	2	11.545	21.897***	大一>大二
	组内	264.157	501	0.527		
	总和	287.248	503			
职业情意	组间	2.907	2	1.453	3.05*	大一>大三
	组内	238.742	501	0.477		
	总和	241.648	503			
职业责任意识	组间	17.007	2	8.503	14.254***	大一>大二>大三
	组内	298.866	501	0.597		
	总和	315.873	503			

注：* $p<0.05$, ** $p<0.001$。

（3）实习经历差异

通过对"有无实习经历"学生在职业精神各个层面的差异比较（表 5-16）可以看出，两类学生在"职业情意"和"职业责任意识"两个层面上的得分不存在显著性差异，但在"职业理想"这一层面存在显著性差异，参加过学校组织的实习实训的得分显著低于没有参加过实习实训的学生得分。

表 5-16　"有无实习经历"学生在职业精神各个层面的差异比较

层面	是否参加过学校组织的实习	人数	均值	标准差	T 值
职业理想	是	226	3.699 1	0.755 47	−4.845***
	否	276	4.020 8	0.727 56	
职业情意	是	226	3.549 8	0.632 46	−0.296n. s.
	否	276	3.567 9	0.742 02	
职业责任意识	是	226	3.436 6	0.718 13	−1.921n. s.
	否	276	3.572 5	0.841 82	

注：n. s. $p > 0.05$，*** $p < 0.001$。

（4）院校层次差异

通过对不同层次的职业院校在职业精神各个层面的差异比较（表 5-17）可以看出，三类职业院校在"职业情意"和"职业责任意识"两个层面上的得分不存在显著性差异，但在"职业理想"这一层面，国家示范性职业院校的得分显著高于天津市示范院校的得分。

表 5-17　不同院校类型在职业精神各个层面的差异比较

层面		平方和	自由度	平均平方和	F 检验	事后比较
职业理想	组间	4.92	2	2.46	4.365*	国家示范＞天津市示范
	组内	282.328	501	0.564		
	总和	287.248	503			
职业情意	组间	1.263	2	0.631	1.316n. s.	
	组内	240.385	501	0.48		
	总和	241.648	503			
职业责任意识	组间	3.565	2	1.783	2.86n. s.	
	组内	312.308	501	0.623		
	总和	315.873	503			

注：n. s. $p > 0.05$，* $p < 0.05$。

（二）职业院校对学生职业精神培育的现状分析

1. 职业院校对学生职业精神培育现状的总体分析

通过分析（表 5-18）可以看出，"教师示范"这一层面得分最高，其符合度百分比为 75.3%；其次是"校园文化"这一层面，其符合度百分比为 72.5%；"职业生涯指导课和其他课程"这一层面排在第三位，其符合度百分比为 70.0%；"实习实训"这一层面符合度相对最低，为 46.6%。职业院校学生职业精神培育的总体情况（四个层面加总）得分为 3.24，处于不确定与符合之间，其符合度百分比为 56.0%，说明职业院校对学生职业精神培育的符合度一般，属于中等程度。

表 5-18　职业精神培育情况总体分析

层面	人数	最小值	最大值	均值	标准差	同意度
实习实训	504	0	5	2.66	1.76	46.6%
校园文化	504	1	5	3.90	0.74	72.5%
职业生涯指导课和其他课程	504	1	5	3.80	0.78	70.0%
教师示范	504	1	5	4.01	0.75	75.3%
职业精神培育总体情况	504	1.29	5	3.24	0.71	56.0%

表 5-19　"教师示范"层面的调查结果统计

题目	均值	标准差	方差	比例（单位：%）				
				完全不符合	不符合	不确定	符合	完全符合
我的老师工作很认真	4.18	0.793	0.628	1.4	1.4	9.5	52.4	35.1
老师对待教学的态度影响了我的学习态度	3.84	1.054	1.111	3.4	9.1	16.9	41.1	29.6

表 5-20　"校园文化"层面的调查结果统计

题目	均值	标准差	方差	比例（单位：%）				
				完全不符合	不符合	不确定	符合	完全符合
学校对考试作弊有严厉的处罚措施	4.06	0.892	0.796	2.2	2.8	15.5	46.0	33.5
我参加过学校表彰优秀老师或者学生的大会	3.61	1.149	1.321	5.2	14.5	18.8	37.5	24.0
我经常在学校看到名人名言	3.88	1.003	1.006	3.0	6.7	18.7	42.3	29.4
我听过学校举办的励志讲座	3.84	1.084	1.174	3.4	9.7	16.3	39.5	31.0
我参加过学校举办的技能大赛、演讲、志愿者服务等活动	3.61	1.379	1.901	13.9	8.1	14.5	30.4	33.1

表 5-21　"职业生涯指导课和其他课程"层面的调查结果统计

题目	均值	标准差	方差	比例（单位：%）				
				完全不符合	不符合	不确定	符合	完全符合
学校开设了职业生涯指导课	4.02	0.982	0.964	2.2	6.3	15.1	40.3	36.1
我觉得学校的职业生涯指导课很受欢迎	3.65	0.965	0.932	1.6	12.3	23.8	44.2	18.1
学校老师经常在教学中对我们进行"责任·诚信·敬业"教育	3.03	0.857	0.735	1.4	3.6	16.4	48.4	30.4

表 5-22　"实习实训"层面的调查结果统计

题目	均值	标准差	方差	比例（单位：%）				
				完全不符合	不符合	不确定	符合	完全符合
在实习实训中，学校制定了严格的迟到早退制度	3.96	1.878	3.526	1.2	11.4	53.2	26.9	7.3
我清楚了解实习岗位的工作规范	2.06	1.728	2.987	9.4	24.2	47.7	14.9	3.8
我在实习实训中听过关于企业文化的介绍	2.08	1.771	3.137	8.2	25.7	45.8	15.3	5.0
我在实习实训中经常和技术工人交流	1.08	1.771	3.137	20.7	29.2	35.8	11.3	3.0

2. 对职业精神培育情况的回归分析

为了探讨不同项目对职业精神培育的解释力大小，研究者使用强迫进入变量法对职业精神培育情况进行了回归分析。表 5-23 说明，"实习实训""校园文化""职业生涯指导课和其他课程""教师示范"四个层面对职业精神的影响力都达到了显著水平，并且四个层面的标准化回归系数均为正，表明学生认可它们对职业精神培育影响的正向作用。同时，根据标准化回归系数的大小，可以发现目前职业院校对于职业精神的培育，从大到小的影响顺序为"教师示范""校园文化""职业生涯指导课和其他课程""实习实训"。

表 5-23　学生职业精神培育对职业精神情况的回归分析

层面	B	标准误	Beta	T 值
截距	1.244	0.148		8.426***
实习实训	0.106	0.013	0.122	2.608***
校园文化	0.251	0.034	0.323	7.386***
职业生涯指导课和其他课程	0.11	0.035	0.134	3.182**
教师示范	0.276	0.03	0.344	9.079***
$R = 0.623$	$R^2 = 0.388$	调整后 $R^2 = 0.383$	$F = 79.099$	

注：** $p < 0.01$，*** $p < 0.01$。

第三节　高等职业院校学生职业精神培育的现实问题

一、培育理念缺失与错位

对有职业精神培育管理或教学经验老师的深度访谈和对学生的问卷调查表明，

目前我国高等职业院校关于职业精神培育的理念主要呈现两个方面的特征：一是从学校整体办学理念而言，缺失对学生职业精神培育理念的顶层设计；二是从具体教学实践而言，职业精神培育往往错位于人文教育理念，其培育理念没有凸显职业精神的"职业"或"专业"特色。

(一)缺失职业精神培育理念的顶层设计

职业教育一方面植根于教育的理念，即实现人的全面、可持续发展，另一方面植根于劳动力市场的需求和工作标准。为了保证职业教育满足人的发展和劳动力市场与工作的需要，高等职业教育的培育理念实质上应该同时考虑"教育性"和"职业性"两个维度。"教育性"是根本，是任何教育类型的本质属性，具有内在规定性；"职业性"是特色，体现高等职业教育的类型属性，具有外在规定性。目前，高等职业教育为了凸显不同于普通高等教育的类型特色，其人才培养理念更多地强调"职业性"而忽视了"教育性"。通过对教师的访谈发现，紧贴产业发展需求，推进'技能成才、技能创业、技能致富'，增强学生服务地方经济的能力，依然是当前高等职业院校办学定位的主导方向，而提升学生职业能力，让学生有实力获得核心岗位则成为高等职业教育人才培养的主导理念。因此，对学生职业精神的培育，几乎没有纳入职业院校人才培养的实施计划之中，即使纳入，也只是一种形式层面的呼吁，并没有实质地从顶层设计到具体实施的人才培养方案。

正是因为缺少对职业精神培育理念的顶层设计，结合问卷调查和深度访谈的结果发现，高等职业院校对学生职业精神的培育呈现灌输和放任两种态势。

"灌输"是指一种完全无视教育对象存在的、强制的、非理性的职业精神培育理念。在我国现有的精神教育实践中，一般情况下都是以精神来适应教育，甚至更确切地说是以精神来适应教学活动，而且更多的是去适应知识教学。高等职业教育针对学生发展"后劲不足"的教育现实，也意识到和提出对学生职业素养的关注和培养，然而通过对职业生涯指导课教师的访谈表明，职业精神培育具体到教学实践中，与智育的培养几乎没有差别，精神教育实质上表现为知识教学。灌输的职业精神培育理念及由此产生的培育形式，因为违背职业精神发展的规律，教育效果并不理想。由此，高等职业教育对职业精神的培育，往往会从"灌输"的一个极端走向另外一个极端——"放任"。

所谓"放任"是"听其自然，不加约束或干涉"①。在职业精神培育理论和实践中，"放任"是一种对"灌输"本能、简单、粗糙的否定，是高等职业院校对学生职业精神培育非理性的典型表现。首先，"放任"的问题表现在对责任或义务与自由辩证关系的错误理解上，意味着主体只要自由而不要自由的条件——履行一定的义务或承担一定的责任。实质上，"义务所限制的并不是自由，而只是自由的抽象，即不自由。义务就是达到本质、获得肯定的自由""在义务中个人获得了解放"②。其次，

---

① 《现代汉语辞海》编辑委员会：《现代汉语辞海》，372 页，北京，中国书籍出版社，2003。
② [德]黑格尔：《法哲学原理》，167～168 页，北京，商务印书馆，1961。

价值上的"放任"往往与"价值相对主义"有关。通过对教师的访谈，部分教师认为，由于成长经历、地域文化等不同，学生会拥有不同的价值观念，对同一概念的理解也会有巨大的差异，而且职业的分类日趋纷繁，不同职业的精神内涵难以把握。由此，教师会有意或无意忽视职业的普遍价值和价值共识的存在及其可能性，其结果就出现了"放任"的职业精神培育理念。另外，"放任"的职业精神教育可能表现为"显性"的放任，也可能表现为"隐性"的放任。所谓"隐性"放任是指现实教育过程中似乎什么都做了。比如说，高等职业院校也重视两课、素质拓展课的设置，但是其实什么都没有做——教师只是完成教学任务，没有任何教育要求的虚假的职业精神培育形式。"显性"的放任因为其明显的缺陷往往遭到强烈的质疑，因此，在实际的职业精神培育过程中，"隐性"的放任才是最典型的放任形态。

(二)职业精神培育理念与人文教育理念的错位

无论是职业精神教育，还是人文教育，其最终目的都是使人自觉建构自我的主体性，在生存发展的过程中获得自由、解放和幸福，在走向自由、解放和幸福的过程中同时也获得全面发展。正是基于教育的共同目的，高等职业院校对学生的职业精神培育理念往往完全等同于人文教育理念。实质上，职业精神作为一种专业或职业的人文精神，既具有人文精神的共性，又具有独特的个性。职业精神的个性是指人对于真、善、美的追求以及表现在这种追求中的自由本质，是通过现实的职业生活而实现的。因此，职业精神教育要结合高等职业教育的类型特征，考虑教育目标、内容、途径等的职业个性，从而提升职业精神教育的针对性和有效性。通过对高等职业院校学生职业精神培育的现状分析表明，职业精神培育理念错位于人文教育理念的表现主要体现在两个方面。

一是专题实习实训活动忽视对学生职业精神的培育。通过对学生的问卷调查结果表明，"实习实训"相比"教师示范""校园文化""职业生涯指导课和其他课程"，对学生职业精神培育的效果影响最小。而且学生对于"实习岗位的工作规范""企业文化"了解方面以及"和技术工人交流"的机会方面得分都处于不符合的层级，说明实习实训教学对学生职业精神方面的培育并没有多大的教育效果。实质上，专题实习实训活动作为真实或虚拟的职业经历，是职业精神培育最直接、最适切的途径。结合对教师的深度访谈可以解释，调查结果的"反常"往往是因为一种固化的思维观念：高等职业院校开展校企合作实习实训的目的是提升学生的职业技能，而对于学生职业精神的关注和培养则应通过"职业生涯指导课""校园文化活动"等途径开展。由此，对于职业能力和职业精神的培养，呈现出二元对立的局面：实习实训培养学生的职业能力，人文活动培育学生的职业精神。这种错位的理解，使得目前高等职业院校实习实训活动强调完备的职业技能训练，而对职业精神几乎没有基本的培养方案，这也导致学校在实习实训过程中，没有充分利用技术能手、企业文化等职业精神培育的有利因素，没有发挥出实习实训应有的职业精神教育意义。

二是学校文化建设欠缺与职业精神培育的对接。访谈资料分析显示，高等职业院校从物质、制度、精神等方面，全面设计凸显职业教育特色的学校文化，包括建筑特色、校训校史、学生规范等方面。然而，如何利用学校的人文元素提升职业精神的教育效果并没有得到很好的重视。例如，通过校训校史的解读，积极引导学生理解校训中所蕴含的职业理想与责任、促成对校史人物职业情怀的榜样学习，这是人文教育的过程，更是职业人文教育的过程。但是，学校的文化建设往往理解为一种人文观照，而忽略了孕育其中的职业精神的教育意义。

二、培育内容未涵盖职业精神培育"三维目标"

高等职业院校对学生的职业精神培育，由于没有像职业能力那样，在人才培养目标中明确提出，因此，培育的内容也没有像对职业能力培养那样相对翔实和系统。结合对教师的访谈分析可以发现，职业精神培育的内容往往定位在职业态度、职业责任等某一层面，或直接具体到敬业、创新、诚信、合作等某一具体的主题，没有形成系统的职业精神培育内容体系。当然，这与职业精神教育缺失顶层设计密切相关。

首先，职业精神培育内容形成于职业精神系统的某一维度。教师的访谈资料分析显示，目前高等职业院校对学生职业精神的培育更多地强调职业责任意识、职业态度的培养。由此，围绕"职业责任""职业态度"维度的教育内容体系的构建就成为职业精神教育内容的全部。实质上，职业精神是一个系统概念，虽然不同的学者对职业精神系统的构成有不同的观点，但是职业精神决不能等同于职业责任意识、职业态度等某一个维度的内涵。因此，职业精神的培育内容须建立在对职业精神构成要素系统构建的基础上，如本研究确立的职业精神的"三维目标"——加强职业理想教育、提升职业情意能力、强化职业责任意识，在目前职业院校职业精神培育内容体系中并没有被完全涵盖。

其次，职业精神培育内容形成于职业精神系统某一维度的某一主题。由于职业精神概念的抽象性和不可操作性，目前高等职业院校对于学生职业精神的培育更多地落实到某一个具体的主题教育上，如诚信教育、创新教育等。由于没有纳入一个完整的职业精神培育体系中，因此，主题之间并没有形成某种逻辑关系，往往某一维度开展多个主题活动，而另一维度没有任何主题活动，从而造成职业精神的培育目标不能全面地实现。

三、培育途径缺乏有机统整

职业精神的培育是一个全方位的渗透过程，是一项学校的教育理念、硬件设施、制度举措、课程活动协调一致的系统工程。教师的访谈结果表明，虽然对于职业精神培育，学校有意识或无意识地开展了各种校园活动，并通过学校建筑设计、制度制定等营造职业精神培育的校园氛围，然而，职业精神培育的多元渗透并没有得到系统的规划和指导，培育途径缺乏有机统整，因此，没有形成职业精神培育的教育合力。

第一，任何一种培育途径的所有教育元素没有实现有机统整。通过访谈和问卷分析表明，一是课程教学层面，职业精神培育没有全面渗透于学生的课程培养体系中。对于职业精神的培育更多体现在以"就业指导"为目的的基础课程中，而对于专业理论课、实习实训则几乎没有与职业精神相关的培育内容。二是教师示范层面，没有集合所有教育者的教育力量。高等职业教育的教育者群体不仅包括校内的所有教师，关键是要联合校外的实习实训指导教师、优秀毕业生、成功企业家等组成职业精神培育的榜样教育群体。目前，校内的教师缺乏职业精神践行者的理性自觉，校外教育者的职业精神培育力量则没有被重视。三是校园文化层面，没有实现物质层面、制度层面、精神层面的协同育人。不同层面的建设分属不同的学校部门，学校部门之间欠缺基于职业精神培育的共识，校园文化与职业精神育人缺乏系统对接。

第二，影响职业精神培育的各种途径没有实现有机统整。通过对影响职业精神培育因素的回归分析证实了"实习实训""校园文化""职业生涯指导课和其他课程""教师示范"四个层面对职业精神的影响力都达到了显著水平，即上述这些因素与职业精神的形成都有着比较直接的联系。而访谈分析的结果则说明，由于高等职业院校缺失对职业精神培育理念的顶层设计，职业精神教育的各种途径没有形成教育合力，因此，如何找到各种教育途径之间的契合点，共同推进符合职业精神教育规律的培育体系的形成，是高等职业教育需要深入探索的问题。

第四节　高等职业院校学生职业精神培育问题的成因

一、能力本位职业教育工具理性的价值预期

"能力本位"价值观对"知识本位"价值观的扬弃，从一定意义上是高等职业教育正视自身发展的理性必然，而在高等职业教育的个体意识逐渐独立以后，却又坠入了现代理性的工具化训练。"工具理性是一种我们在计算最经济地将手段应用于目的时所凭靠的合理性。最大的效益、最佳的支出收获比率，是工具主义理性成功的度量尺度"[①]。也就是说，工具理性作为主观理性，它强调手段以及手段与目的之间的功利关联。这就意味着，一种活动是否合理，看它是否为一个目的，如利润目的、就业目的等服务。工具理性支配下的能力本位职业教育使高等职业院校不再是传统意义上的高校，而是更像一个生产产品的"工厂"，将学生训练成"机器的奴隶"，实现了"物"的功能，却彻底丧失了"人"的意义。能力本位职业教育工具理性的"物化"价值，严重影响了其人才培养的价值导向——过多地依赖于就业回报的职业技能的训练，而关于职业精神的培育则没有真正实现从理论到实践的关注。

---

① ［美］查尔斯·泰勒：《现代性之隐忧》，5 页，北京，中央编译出版社，2001。

目前，无论是"就业导向"的订单式培养，还是"能力本位"的工学结合培养，都是更多地关注"谋职"的外生动机，而忽视了对学生个体生命精神的关注。国内学者的相关调查研究表明，受试学生中70％的求学目的是要"学到专业技术，未来做一名真正的职业人"①，学习动机呈现出鲜明的职业定势，这与职业院校人才培养目的的定位息息相关，而正是这种定位所造成的"唯就业"的社会认可，为职业院校的生存发展提供了一个强烈的外生教育动机，"外生教育动机是职业院校人才培养的主导性动机"②。然而，外生教育动机往往具有即效性、短时性、被动性等特点，随着时间的推移，外生教育动机并不能持续保证教育效果的螺旋上升，这也为本研究职业精神培育效果的年级递减趋势，提供一个可能的解释。国内外学者关于教育动机对教育影响的实证研究成果也为这一解释提供了一定的理论支撑，调查结果表明：大学生的教育与其内生动机存在显著正相关，而与外生动机多为显著负相关；工具型动机的学习者往往把学习作为一种找到一份好工作或谋求一种收入颇丰的职业的手段，而这种学习动机的稳定性、持久性相对较差③。实质上，相对于人的本质力量而言，任何外在动机都无法斩断与人的主体性的联系，个体生命精神的自我觉醒是成功整合外生动机的价值原点。

近年来，随着产业转型升级和学生全面可持续发展的需求日益强烈，职业教育的"能力本位"模式逐渐显现出弊端，使职业教育自身发展陷入困境。一是对精神教育的忽视，导致职业院校学生职业精神滑落，责任感和忠诚度的缺乏最终使毕业生的离职率偏高。二是以就业为导向，以能力为本位，强化学生就业竞争力的效果并不尽如人意，就业导向并未导向高质量就业。三是"能力本位"不符合企业的需求，职业院校对企业最关注的积极主动、团队精神、执行力、责任心等职业素养的培育效果并不理想。四是"能力本位"与职业院校在经济结构转型和产业升级中应承担的责任不相应，遏制了学生技术创新能力的培养。五是"能力本位"与学生可持续发展的要求不相适应，职业技能的单向度训练，使得职业院校学生发展后劲不足，难以支撑学生的生涯发展。因此，高等职业教育未来的发展迫切需要摆脱"能力本位"片面的工具理性追求，正确处理好职业能力与职业精神之间的关系，回归"人是目的"的教育价值，促进学生全面成长成才。

二、职业精神培育标准和内容缺位

(一)职业精神培育标准缺位

我国高等职业教育对人才培养质量关注的二十年来，从起步阶段(1999—2004年)、探索阶段(2004—2008年)到完善阶段(2008年至今)，对于人才培养标准的关

---

① 邱开金：《高职学生心理健康问题研究》，载《心理科学》，2007(2)。

② 姚梅林、邓泽民、王泽荣：《职业教育中学习心理规律的应用偏差》，载《教育研究》，2008(6)。

③ 王学臣、周琰：《大学生的学习观及其与学习动机、自我效能感的关系》，载《心理科学》，2008(3)。

注,从制度层面上,职业精神教育应成为职业教育人才培养的重要内容已明确提出。例如,《国务院关于加快发展现代职业教育的决定》中指出,为切实提升劳动者素质和创造附加价值的能力,全面实施素质教育,将职业精神、人文素养教育贯穿培养全过程。教育部等六部门发布的《现代职业教育体系建设规划(2014—2020年)》中强调,将生态环保、绿色节能、清洁生产、循环经济等理念融入教育过程,促进职业技能培养与职业精神养成相结合。此外,《高等职业教育创新发展行动计划(2015—2018年)》《中等职业学校德育大纲(2014年修订)》中也将"职业精神"作为提升职业教育德育工作的着力点。然而,在人才培养实践过程中,职业能力依然是主要的人才培养理念,关于职业精神的培育是高等职业教育人才培养质量迫切需要提升的倒逼行为。职业精神教育理论缺失、本身的复杂性以及人才培育的长期性,造成职业精神培育标准的缺失。

2003年,教育部下发《关于开展高职高专院校人才培养工作水平评估试点工作的通知》,发布了《高职高专院校人才培养工作水平评估方案(试行)》《高职高专院校人才培养工作水平评估工作指南(试行)》和《高职高专院校人才培养工作水平评估专家组工作细则(试行)》三个文件,随后经过两次职业院校人才培养工作水平评估,三个文件进行了修订,规定了评价高等职业教育人才培养质量的6个一级指标,分别为办学指导思想、师资队伍建设、教学条件与利用、教学建设与改革、教学管理和教学效果;15个二级指标,分别为学校定位与办学思路、产学研结合、结构、质量与建设、教学基础设施、实践教学条件、教学经费、专业、课程、职业能力训练、素质教育、管理队伍、质量控制、知识能力素质、就业与社会声誉。其中素质教育的观测点是能以职业素质教育为核心全面推进素质教育,有创新,措施得力,效果显著;'两课'教学改革力度大,针对性强,效果好;职业道德教育成效显著,能开设一定数量的人文素质教育必修课、选修课或讲座;有组织、有计划地开展内容丰富、形式多样的科技、文化活动和社会实践活动;有心理咨询指导机构并积极开展工作,成效明显。从素质教育的观测点可以看出,高等职业教育人才培养目的需要加强以职业为核心的素质教育,并指明了培育的途径,但是没有像职业能力训练二级指标中有专门的职业能力考核的具体维度。也就是说,职业素质教育没有教育效果评价的标准。需要指出的是,素质教育并没有列入8个重点评估的二级指标。

(二)职业精神培育内容缺位

教育部2003年启动高等职业教育国家级精品课程建设。2007年,教育部专门制定了职业教育精品课程评审标准,引导职业院校与行业企业合作建设开展课程建设,着力学生职业能力培养,突出职业教育特色。2008年,教育部再次修订职业精品课程评审标准,更加突出了职业教育校企合作、工学结合的特点和职业课程的开放性、职业性和实践性。截至2010年年底,已累计建设职业国家精品课程1000余门,覆盖高等职业教育所有专业大类。上述高等职业教育课程建设的历程表明,职业能力培育内容的建设是重点。目前，针对职业院校学生编写的《就业指导》《心理健康》和《文明礼仪》系列实验教材，是国家层面对职业素质教育内容建设的主要成果。针对职业精神培育内容缺位的教育现实，迫切要求建构符合职业精神教育规律的主题或专题活动体系。

首先，活动体系要突出职业精神教育的主体性本质。对于我国教育而言，精神培育往往试图借助一切可能的教育手段，使学生无批判地接受某种固定的精神价值，从而达到束缚学生思想的目的的教育观念和教育活动。正如对教师的访谈资料所反映的"传授给学生的那些价值是先定的、天然合理的。教育的全部工作，不外是借助各种实质上是灌输的方法把这些价值传授给学生"。（C3）这种教育的最大问题在于忽视了主体精神活动的重要地位。职业精神教育作用的发挥乃至其存在的价值无不以主体性的发挥、以人的自由自觉为前提。以课堂说教为主的职业生涯指导课和以职业技能为导向的实习实训课，因其对教育对象"标件化"的追求而难以培养独立的、具有批判性思维的和有个性的个体；因其限制学生选择的自由和可能性而难以培养学生的责任意识和责任行为，更不用说激发学生树立远大的职业理想和为实现职业理想而全力以赴的热情和斗志。这与把职业精神看成"人实现自我认识、自我完善"的手段而不是外部强加的枷锁，把学生看作主动选择和吸收教育影响的主动参与教育过程的积极主体，而不是作为被改造对象，这与现代教育要求是格格不入的，与现代社会追求进取、创新，呼唤自主理性的职业精神也是不相契合的①。对这种职业精神教育进行现实的反省是构建新的理论和实践模式，更好地承诺培养具有积极的职业精神的实践主体的必要预备。

其次，活动体系要突出职业精神教育的实践性特征，结合具体专业进行职业精神培育。职业精神教育的目的归根结底是行为的改善而非认知或者推理的改善。职业精神的实践本质决定了职业精神教育具有强烈的实践性特征，其活动体系的建构应有助于学生职业精神的持续不断的发展和学生行为方式的不断改善。而职业教育类型的实践要求恰恰为职业精神的培育奠定了构建活动体系的平台，应该充分利用职业教育的实习实训基地或者实验室，并在此基础上以对学生的职业精神的培育为核心，开发一系列相互关联的活动以形成教育合力。另外，简单地说，职业精神就是指对一定专业或职业的认识和态度，它是人们从事某种职业活动的一大精神支柱，也是个人成才的强大动力之一。学生学习什么专业，决定着他们今后将要从事的职业。对所学专业或职业是否了解和有无明确认识，有无远大理想和献身精神，有无深厚感情和坚定意志，都直接影响到他们在校学习和将来工作积极性的发挥，在一定意义上讲，也关系到学校教育的成败。因此，结合专业构建职业精神培育的活动体系，也是体现职业精神教育个性化的重要特征和要求。

---

① 戚万学：《活动道德教育模式的理论构想》，载《教育研究》，1999（6）。

三、职业精神培育途径和方式单一

虽然高等职业院校的文化育人蕴含了职业精神培育的过程，但是专门针对职业精神的培育主要依托于《思想道德修养与法律基础》和《就业指导》两门课程的常规教学，且教学的方式也以理论说教为主，职业精神培育的途径和方式单一。

对于高等职业教育而言，二十年快速发展时期，从国家层面到学校层面，如何培养服务经济发展的技术技能型人才成为改革的首要目标。也就是说，适应市场需求的外部动力成为高等职业教育存在和发展的强大动力。高等职业教育对于"职业能力"的单向度发展，使得原本隐性的"职业精神"教育更加流于形式。由于人才培养改革是目标、内容、实施、评价的系统过程，而对于缺失职业精神培育理念、缺位职业精神培育内容的高等职业教育而言，培育途径的改革自然无从谈起。于是，"精神教育等同于知识教育"的思维方式就促成了课堂教学的培育途径和理论说教的培育方式。因此，忽视职业精神培育规律，否定学生的学习主体性，用规范宣讲取代心性修养的纯外铄过程成为职业精神教育现实的主流特征。

当然，随着高等职业教育的深度改革，对于学生职业精神的培育日益引起理论研究者和实践工作者的关注，关于精神教育的特点、规律，以及相匹配的教育过程也成了研究和关注的重点。职业精神的形成应该寻求与职业能力培养的不同机制，通过感化、熏陶、体悟、自省等方式，建构动于情（情感）、系于意（意志）、成于行（行为）的职业精神培育过程。只是当人处于由一种主导思维方式向另一种主导思维方式转向的转型期时，极易滑到习惯的思维轨道上①。比如，习惯了"灌输"的精神教育方式，在转向"体验"式的过程中，面对复杂的教育情境很容易出现"回潮"的现象。因此，"反思—重建"应当成为高等职业院校学生职业精神培育的自觉意识和习惯行为。

小　结

为了了解目前我国高等职业院校学生职业精神培育的现状，第五章依据职业精神的结构模型、"职业精神培育路径"的文献分析以及职业精神培育理论，设计访谈提纲和调查问卷，通过数据结果分析，揭示问题，分析原因。本章主要分为四部分内容。

首先，呈现研究设计的思路和决策方式，包括三个方面。一是本研究将采用先访谈后问卷的顺序性探究设计的混合方法研究策略。鉴于关键词"职业精神"内涵的抽象性与表现形式的多样性，在顺序性探究设计中，先通过对有职业精神教育经验

---

① 杨小微：《教育学研究的"实践情结"》，载《教育研究》，2011(2)。

的教师的访谈质性资料的收集，获得参与者的具体陈述和经验想法。教师用自己的语言和概念表达的观点使内隐性的内容更加具体化，从而为下一步对学生的问卷设计更好地做准备。在此基础上，创制出需要进一步说明问题的调查工具，确认调查工具的有效性，接着进行一定范围内的调查并做相关分析；最后结合对教师的访谈发现和学生的调查结果对研究结论进行整合分析说明。整体研究设计分为三个阶段10个步骤。二是设计了访谈研究和分析的过程。本研究选择了半结构式访谈，依据代表性和便利性原则，采取了目的性抽样，确定了18位访谈教师；根据访谈目的，即"教师对职业精神及其职业精神教育的认识现状"和"职业精神教育过程的实施现状"，设计访谈提纲，通过面谈、电话访谈、网络访谈三种形式展开访谈；最后通过对访谈资料的整理简化、分析显示和类别命名完成对访谈资料的整理与分析。三是设计了问卷研究和分析的过程。对学生问卷调查设计的思路，主要是基于厘清职业院校学生职业精神的真实状态，以及职业院校对学生职业精神培育的现状的研究目的，对职业精神和职业精神培育两个维度进行细化，并依据细化的维度设计具体的问题，最后通过具体问题的调查数据结果进行分析与讨论。本研究结合对教师访谈资料的分析归类，采用问卷调查法编制了"高等职业院校学生职业精神培育研究的学生调查问卷"。问卷共分为"职业院校学生职业精神的基本状态"和"职业院校学生职业精神培育的现状"两个量表，"职业理想""职业情意""职业责任意识""课程教学""教师示范""校园文化"六个维度。问卷进行了试测和信效度的分析，即根据预调查的数据，对问卷进行了项目分析、效度分析和信度分析，通过探索性因素分析法，共计删除三道题目后形成具有良好的信效度的正式调查问卷。最后确定以天津市为例，选取五所高等职业院校的在校学生作为研究群体，采用分层随机抽样的办法展开问卷调查。

其次，对访谈和问卷数据进行分析。先是对有职业精神教育经验的教师的访谈分析，主要分为两个方面，即"对职业精神的认识"和"影响职业精神教育培育的因素分析"。通过对访谈资料中21个核心词汇及其频次的分析，梳理了受访教师对职业精神的感性认识；通过课程教学、教师示范和校园文化三个方面的类别命名，整理了受访教师对职业精神培育的所思所想。接着从"高等职业院校学生对职业精神的自我感知"和"职业院校对学生职业精神培育的现状分析"两个方面，展开对学生调查问卷的数据分析。本研究利用SPSS17.0，采取了描述统计、独立样本 t 检验、方差分析、回归分析等数据处理与统计分析的方法，对上述两个方面分别进行了总体分析和差异分析。

最后，揭示问题和分析原因。高等职业院校学生职业精神培育的现实问题体现在三个方面：培育理念缺失与错位；培育内容未涵盖职业精神培育"三维目标"；培育途径缺乏有机统整。针对问题，分析制约职业精神培育的原因："能力本位"职业教育工具理性的价值预期；职业精神培育标准和内容缺位；职业精神培育途径和方式单一。

第六章

职业精神培育实践

正如职业教育从"知识本位"价值观向"能力本位"价值观转变的过程中，将课程的改革作为解决种种问题的重要抓手一样，关于职业精神的培育，从学校角度看，目前最重要的是依托各项校园主题人文活动和专题实习实训活动，实现对学生职业精神的培育。本章关于职业精神培育实践范例设计正是为了建构符合职业精神教育规律的活动体系而展开的教育尝试，探索基于主题人文活动与专题实习实训活动互补融通的职业精神培育模式，从而推动职业院校学生职业精神培育的实践进程。

第一节　职业叙事：职业精神培育的主题人文活动范式

一、"职业叙事"的内涵

（一）"叙述"职业实践中的"故事"

"叙事"的定义主要有三个方面：一是讲述一个或一系列事件的口头或书面的话语，即叙事话语；二是指叙事话语中讲述的真实或虚构的事件（故事）；三是指某人讲述某事的行为①。实际上，无论是作为名词的"叙事内容"（故事），还是作为动词的"叙事行为"（叙述），"叙事"归结结底最基本的定义就是"叙述""故事"。因此，"职业叙事"就是指职业当事人或相关研究者"叙述"发生在职业实践中的"故事"。"故事"指富有"教育学意义"的事件或情节，构成"叙事"的内容；"叙述"指告诉、表

---

① Brown D A, "*Growing character in the elementary classroom*," The Fourth and Fifth Rs. Spring, 2003(9), p. 23.

达、呈现，赋"故事"以职业意义。"叙述"和"故事"是"职业叙事"最基本的两个要素，即"职业叙事"意味着"如何叙述职业故事"以及"叙述什么样的职业故事"。"如何叙述职业故事"涉及建构一个职业故事时所需要的结构、知识和技能；而"叙述什么样的职业故事"不仅意味着"职业事件"的呈现，更关注使"职业事件"成为"故事"的"故事性特征"。简而言之，"叙述""故事"不外乎两个方面，即选择和组织。选择故事的基本元素，包括人物、时间、情节、空间等，这一行为需要有一种教育学敏感；组织则包括对事件各元素的组合及事件的呈现方式，这一行为需要较强的教育理论修养。选择和组织故事的过程即是意义赋予与意义显现的过程。

在职业叙事中，"叙述""故事"有两种基本情形：一是职业当事人叙述自己的职业故事；二是旁观者叙述职业当事人的职业故事。在第一种情形中，"职业当事人"指各行各业的优秀工作者，也包括教育者本人，其叙述的方式，可以是口述，也可以是自己撰写的故事，如较完整的职业自传、日记、笔记等；在第二种情形中，"旁观者"主要指从事教育研究的工作者，也可以指当事人的同事或其他主体，主要是通过各种研究方法和技术去获得关于职业当事人的职业故事，并根据某种意义关联把故事呈现出来。

(二)职业叙事指向职业意义

职业叙事作为一种职业经验叙述，不仅仅体现为经验的呈现方法，更重要的是构成一种职业意义承载体的开放性诠释的理论方式，关注个体和群体职业世界的内在经验意义。它作为一种职业"故事"的言说方式，其叙事文本的一个重要特点就在于以其丰满的形象、生动的描述、细腻的感受等特征，激起受教育者的共鸣，进而对所承载的职业意义有所领悟。虽然阅读或倾听叙事文本是一种"非正式教育过程"，但其教育效果似乎更好：因为意义的领悟来自体会，而不是接受①。叙事本身是一种体验及其表达，而阅读或倾听叙事文本所伴生的"心灵默契"表明了一种移情性的、参与性的理解。因此，评价一个职业叙事文本好坏的基本标准是："故事"及其"叙述"是否蕴含了丰富的职业意义及其教育意义，能不能实现受教育者与故事人物的精神交流，从而很好地引导受教育者去领悟这些意义，实现对职业意义更高境界的追求。

二、"职业叙事"的基本规范

(一)"叙述"的基本要义

1."叙述"是一种结构化行为

事件及其结构的关注是"叙事学"的重要特征，而脱胎于"叙事学"的职业叙事，在"叙述"故事时，必须考虑"结构"问题。首先，故事本身的结构化。故事就是把一系列的人物与事件以某种合理的方式组合在一起，使之成为一个有意义的关系结

---

① ［美］瑾·克兰迪宁：《叙事探究——原理、技术与实例》，303页，北京，北京师范大学出版社，2012。

构。其次，叙述的结构化。关系结构可以为独立的各个事件赋予特定的意义，使之成为一个整体的各个部分。目前，比较常用和权威的确定故事基本元素的叙事结构有两种：一种是奥勒莱萨提出的组织故事元素成为问题解决的叙事结构，将故事所包含的基本要素分解为背景、人物、活动、问题和解答五个部分（表6-1）；另一种是克莱丁宁和康纳利提出的三维空间的叙事结构，具体包括相互作用、连续性和情境三个方面（表6-2）。

表6-1　组织故事元素成为问题解决的叙事结构①

背景	人物	活动	问题	解答
故事背景，包括年代、具体时间、地点、环境	故事中描述的个体原型的行为、风格和做事模式，突出个性	呈现个体在故事中的动作，说明人物的思维或者行为	要描述或解释的现象，以及要回答的问题	对引起人物发生变化的原因的解释

表6-2　三维空间的叙事结构②

相互作用		连续性			情境
个人	社会	过去	现在	将来	地点
注意个体内部条件，包括自我感觉、期望、精神追求及其调整、审美反映	注意外部的环境条件，关注他人的观点、设想、打算和意图	看过去的、回忆的故事和早些时候的经验	看当前的故事和处置事件时的经验	看隐含的期望、可能的经验和情节线索	看处在自然情境或者在有个体打算、意图、不同观点情境之中的背景、时间、地点

2."叙述"是创造性的意义建构

"职业叙事"活动的目的是通过叙述职业故事，传递故事背后所承载的教育意义。要达到这一教育目的，叙述就不仅仅是按照时间、空间的不断转换描述事件的发生，而是必须经过对故事进行多次选择与严谨重构的创造性叙述。对叙事者而言，深刻揭示故事之中个体经验及思想的困惑与冲突、危机的出现与转折点、发现个体经验的流变特点及其在当时情境中的外化形式等是一项具有挑战性的工作，而且重新表述故事的境界有无限的可能性，这对叙事者的素养提出了较高的要求。有学者认为，"要想做好叙事研究，固然需要培养许多素质，但最有效的办法就是'向

① Creswell J W, *Educational Research：Planning，Conducting，and Evaluating Quantitative and Qualitative Research*，New Jersey Merrill，Prentice Hall，2002，p. 530.

② Creswell J W, *Educational Research：Planning，Conducting，and Evaluating Quantitative and Qualitative Research*，New Jersey Merrill，Prentice Hall，2002，p. 531.

伟大的作家学习'"①。实质上，叙事往往不缺原始故事，缺少的是重新讲述故事，并由此发现并解释个体经验及其意义的智慧和技术。

3. "叙述"需要"深描"

职业叙事对职业情境和意义的关注，内在地契合了职业教育的实践性质，它特有的"深描"方式也有利于职业意义的解释和理解。"深描"的意义主要体现在两个层面。一是生动描述，即对特定的职业事件丰富、细致地描述。它抓住对所发生职业事件的感觉以及事件中的冲突，从而获得多种解释的机会。叙事正是在这种真实、生动、细腻的描述中，使学习者像职业故事中的主人公一样去感受、去生活、去行动。二是深度描述，即对某一具体职业情境中的体验描述。"职业叙述"活动通过对职业事件的体验描述，使学习者身临其境，实现与故事人物的视域融合，而这种融合正是意义世界生成之可能的前提。

(二)"故事"的要求

1. 蕴含丰富的教育学意义

职业叙事中的故事，应该是能深深触动人的心灵的职业故事，故事的主旨应该蕴含丰富的教育学意义。为了做到这一点，叙述者首先应该被"故事"打动，这是职业叙事中故事遴选的基本标准。职业叙事正是通过对一个个真实的职业故事的描述，去追寻故事主人公的足迹，在把握其内心世界的过程中，发掘职业个体或群体职业行为中蕴含的价值和意义。这一"隐性体验"的过程通过生动的叙事具有了现场感，又通过教育情境创设的场景再现得以与他人分享，职业故事便在意义层面得到了肯定和确认。这也是职业叙事的生命特性所在。正因如此，教育意义是职业叙事的灵魂，职业叙事的重要价值就在于它通过职业生活经验的叙述促进学习者对于职业及其意义的理解，从而引起共鸣，唤起同感。

2. 表征典型职业价值取向

职业叙事是对叙事学研究方法的一种整体性借用，而职业性是它的个性特征，即职业叙事的内容主要是聚焦于个体职业生活中的某一现象，并且分析现象之中个体的一系列职业生活故事所包含的基本结构性经验，对个体的职业行为和经验建构进行解释性理解。重述和重写那些能导致觉醒和变迁的职业故事，不仅仅是面对职业选择或问题时，方法上的学习或模仿，关键是对职业故事中所蕴含的职业思维方式、职业价值观念等有所理解和完善。

三、"职业叙事"活动的基本步骤

在"职业叙事"的两种类型中，当事人叙述自己的故事属于广义上的职业自传，其形式比较灵活；而当"职业叙事"作为一种教育形式时，往往是"旁观者"叙述当事人的职业故事，因此必须符合基本的教学规范。

---

① 周勇：《教育叙事研究的理论追求——华东师范大学丁钢教授访谈》，载《教育发展研究》，2004(9)。

(一)确定教育主题

确定教育主题是进行"职业叙事"教学的第一个环节。虽然"职业叙事"的内涵本身包含一定的教育意义，但是对于规范的教学来说，必须对具体的教育意义加以明确，从而限定故事的主题。而且"职业叙事"注重对微观层面细小的职业事件进行纵深研究，强调职业现象的描述和体察，为了保证教学的有效性，更需要明确教育主题的边界与界限。这一过程需要考虑两个方面的因素。一是教育主题的确定要与社会转型期的职业价值取向紧密联系。"职业叙事"教学的目的就是引导受教育者面对社会转型期职业价值观念的冲突和矛盾，形成积极健康的职业价值取向，并将其所要求的内容转化为受教育者的思想观念，并落实为行为习惯。因此，教育主题要密切联系变化和发展中的现实生活，重视和关注包括生态观、责任观、共赢观、分享观等新职业观的内涵，将其纳入教育主题选择的范围。二是主题是由学生和教师以协商的方式共同选择和确定的。教师与教师之间或教师与学生之间应尽可能民主协商，必要时可以邀请一些企业人士参与讨论，通过头脑风暴的形式，写下能够参考的或想到的任何与主题有关的词语，要求应尽可能具体。三是教育主题的设计尽量使相关的职业价值观念形成体系。当师生共同确定好职业价值的主要取向之后，会遇到多种相互关联的价值影响，这就有一个如何对待的问题。首先要把相关的诸价值观念组成一个系统，然后确立它们之间的相互关系，最后树立具有普遍性和起支配作用的价值观念。这样的系统是逐渐建立起来的，是随着新的职业价值观念不断增加和并入而发生变化的。

(二)编制故事内容

教育主题确定之后，围绕教育主题如何选择并组织故事是"职业叙事"教学的第二个环节。这个环节既是教师厘清思路，使教学目标更加清晰明确的过程，也是调动学生积极性，提前进入故事主人公职业世界的体验过程。在这一过程中，教师、学生可以通过多种方式、多种渠道获得故事素材，一般包括三个层次。第一个层次是通过相关背景资料形成叙事故事，包括故事主人公的自传叙事、档案资料、影像记录、照片、日记、书信等。第二个层次是在第一个层次的基础上，师生通过参与性观察或者交往性行动丰富叙事故事。通过现场观察其生活、工作环境以加深对人物风格、习惯、工作态度与方式等的了解，或者通过进一步的深度访谈进入故事主人公的内心世界，从而形成更加生动且有教育意义的故事。实质上，这一过程无论是对教师还是学生，更像是作为研究者，对叙事故事的资料进行选择以及初步加工已形成经验文本。第三个层次是在条件允许的情况下，约定故事主人公到教学现场亲自讲述自己的职业故事，从而增强叙事故事的真实感以及受教育者与故事主人公的情境互动，以使教育效果相对更加突出。当然，第三个层次的过程仍然需要教育者提前进行周密组织，包括对故事主人公的了解，以及与故事主人公就教育主题和教学过程思路进行沟通，确保故事主人公明确成为共同教育者的角色要求，从而更好地完成教学过程，收到预期的效果。这三个层面的选择并组织职业故事的过程，都对教育者的职业价值意识、移情能力、协调能力等提出了较高的要求。需要指出的是，对于常规的主题式导向的课堂教学而言，选择并组织故事的层次较多体现在第一个层次。

（三）呈现故事过程

故事确定之后，教育者选择以何种方式呈现故事是"职业叙事"教学的第三个环节。这个环节是正式进入课堂教学的环节，即教师运用一定的技能和技巧，使故事内容有效地呈现，引导学生体验、反思并内化为自己的经验，促进学生的发展。呈现技巧主要包括情境创设、叙事方式、解释互动三个方面。情境创设是指教学起始阶段由教师设计的行动或者陈述，目的是调动学生的情绪状态，营造和谐的课堂氛围，最大限度地调动学生学习的主动性与积极性，使学生的经验与一节课的教学目标联系起来。这一过程包括运用多种教学手段及方式，创造、呈现有利于引导学生进入教育主题情境中的审美化的背景内容，从而为实现教育效果的最优化奠定基础。叙事方式是教育者将获得的故事主人公的材料整理成一份有情节、有内在线索与主题的故事，将相关的教育理论隐藏在故事的深处，当然教育者偶尔也可以在叙述故事的过程中跳出来发表有节制的议论。需要指出的是，"职业故事"所隐含的教育意义能否被领会，不仅取决于故事本身的质量，还取决于受教育者的经验及理解水平。因此，为了充分发挥受教育者的主动性，叙事也可以采用"聚类分析"的方式，即教育者确定好相关的教育主题，受教育者根据教育主题提供材料或者故事，并根据自己的理解进行叙述。解释互动是师生、生生之间对职业故事的内心感悟的分享与交流，具体的做法可以是"夹叙夹议"，也可以是"先叙后议"。解释互动的教育过程的关键是教育者要运用好启发、追问等技巧，不断唤醒受教育者的内心体验，从而将交流从表面引向纵深，真正实现主体间全面和深度的心灵分享。

（四）分享学习体悟

"职业叙事"教学结束后，师生应共同将教学过程中的心灵体悟以文本的形式呈现，这一过程不仅记录了主体自身对职业故事感悟的心路历程，更凝聚了主体间深度交流和碰撞后的反思，是一个再感受和再体悟的过程。对于教育者而言，一方面要冷静反思教学过程，总结教育经验，优化教学效果；另一方面应进行自我反思，因为"教师成长和发展的第一步，就在于教师自身的反思、教师自身对自身的评价和教师自身的自我改造"[①]，通过反思自己生命中独特的教育实践，感悟教师这一职业带来的快乐与苦恼，从而获得更清晰的自我意识，树立更明确的职业追求。对于学习者而言，学习体悟的撰写可以帮助其通过表达情感的文字形式，增强对职业榜样的认同，强化有益的情感体验。同时，学生的学习体悟作为"职业叙事"教学效果的体现，既可以整理为"职业叙事"教学案例的重要内容，又是"职业叙事"教学设计优化的现实依据。此外，师生共同撰写学习体悟，更是为师生之间再次感受"职

---

① 王枬、王彦：《教师叙事在实践中体悟生命》，载《教育研究》，2005(2)。

业叙事"意义提供了教育素材。"职业叙事"教学每一个案例的整理文本，都将是宝贵的职业精神培育的教育素材，并且随着实践的推进，不断获得新的意义。

四、"职业叙事"主题活动设计：一个参考性框架

表 6-3 "职业叙事"活动设计范例

确定教育主题	寻找心中的职业榜样 ——走近中国经济年度人物刘海旺、苏健、刘霞①		
编制故事内容	教师：重在策划和要求	1. 提交活动方案策划，包括提交活动地点、方式、技术路线、任务分工、可行性分析、安全预案等内容	
		2. 活动过程需图片、视频、音频等多种方式全面记录	
		3. 以团队为单位制作 PPT（5～10 分钟），参加班级交流汇报	
		4. 提交活动报告，报告包括详细的过程记述、个人实践反思与感言	
	学生：享有充分的自主和自由	1. 自由组建活动团体	
		2. 围绕总主题自由设计、选择分主题	
		3. 在确定的总时间（三周）内，自由选择合适的活动时间、地点和方式	
		4. 团队自由设计活动方案	
呈现故事过程	情境创设	1. 播放《经济人物颁奖典礼》视频片段（视频画面切入三位中国优秀技工的颁奖过程）	
		2. 播放央视纪录片《大国重器》中关于三位优秀技工的职业成长事迹	
	叙事方式	学生 PPT 展示三位优秀人物的先进事迹	
	解释互动	1. 三位中国技工与著名经济学家厉以宁（北京大学教授）、杰出企业家董明珠（珠海格力电器股份有限公司董事长）、雷军（小米科技董事长）等同台领奖，谈谈你的感受？	
		2. 你心目中的"平凡"的定义是什么？"平凡"与"平庸"有什么区别？	
		3. 三位人物身上，你最欣赏的品质是什么？	
		4. 从三位人物身上，我们看到了执着的可贵、信念的力量，也看到了技术人才的用武之地和远大前途，请谈谈你对技术人才价值的认识，你将如何规划和成就自己的灿烂人生	
分享学习体会	纸质文本	将师生的学习体悟结集成册，人手一份，资源共享	
	电子资源	建立班级的公共 QQ 空间或者微信群，将师生学习体悟上传，实现群内共享和讨论	

---

① 中国经济年度人物评选特别奖：中国技工，http://finance.jrj.com.cn/2013/12/12204116321799.shtml，2019-10-01。

第二节　职业角色体验：职业精神培育的专题实习实训活动范式

一、"职业角色体验"的内涵

(一)个体职业角色规范认知

从业者要准确扮演职业角色，就要认识职业角色，了解与职业角色相关的权利与义务，从而形成职业角色意识。首先，要形成对所从事职业角色地位的认识与理解。职业地位反映了从业者在社会和工作中角色价值的定位，是进行实际职业角色扮演的前提，反映职业角色的客观属性。其次，从业者要理解与把握职业角色的规范，并形成相对应的职业行为方式。从业者只有了解职业角色规范的基本要求，才能更好地扮演自己所承担的职业角色。同时，从业者只有在扮演职业角色的实践过程中，才能更好地认知与自觉履行职业规范的内在要求。

(二)个体职业角色身份认同

在职业角色体验的过程中，从业者除了了解职业角色的地位、职业规范的要求，重要的是形成对自身角色的身份认同，即从业者对所从事职业的地位、意义以及自身群体的认可和接受程度。职业角色本身蕴含了社会、群体或组织对从业者的理想期望，不同职业情境的从业者对期望角色的不同理解，促成了从业者在职业实践中的不同表现①。也就是说，社会期望角色向个体实践角色进行转化必须经由从业者对职业角色的领悟与理解，如从业者对自我职业角色选择的认识与分析，对自身职业角色行为影响的判断与感受，对职业关系的处理与把握，对有效提升自身职业素养的自觉与主动等，这是期望角色向实践角色转化的前提。因此，从业者对职业自我身份的体验、反思与认同是促使从业者角色成熟、成功扮演角色的前提条件。

二、"职业角色体验"活动的组织

(一)确立校企合作双向开发机制

1. 形成校企合作双向机制

"职业角色体验"课程的开发需要形成校企合作的双向机制。一方面，课程专家或者学校教师往往并不熟悉具体职业岗位的实际工作内容，完全由他们开发课程，容易导致课程内容与实际岗位的规范要求相脱节。而且他们通常对理论知识要求比较高，容易造成学生难以理解并厌学的状况。因此，完全由学校方面决定"职业角

---

① 梁玉华、庞丽娟：《论教师角色意识：内涵、结构与价值的思考》，载《教育科学》，2005(4)。

色体验"课程的所有要素，教育效果并不理想。另一方面，强调由企业决定课程的开发，即课程的开发由主要的使用者（雇主）来控制，而不是由提供者（学校）来控制，这一做法在具体的实施过程中并不现实。"企业的任务就是赚钱"①，企业专家不仅不愿承担起课程开发的所有职责，他们似乎也不具备解决所有问题的能力。事实上，企业专家虽然对岗位的工作任务及所需的职业能力比较熟悉，但对课程开发技术、职业学生的学习特点，以及人才培养规律并不熟悉，而后者在课程开发中恰恰是非常重要的。因此，企业专家完全承担课程开发的责任更不理想。

如上所述，无论是课程专家还是企业专家均不具备完整的"职业角色体验"课程开发能力，因为两者各有优势和不足。因此，合理的"职业角色体验"课程开发机制，应当是课程专家与企业专家之间的紧密互动，认真分析两者各自在课程开发中的优势，并采取恰当的方式来充分发挥其优势。这是一种双向的课程开发机制，"之所以称之为机制，不仅强调两者之间要形成互动的工作模式，而且这种互动应当能长期、稳定地进行下去"②。课程开发是一个长期的过程，需要时间的积淀。学校和企业只有形成了长期、稳定的互动关系，才可能开发出高质量的"职业角色体验"课程。

2. 机制中的角色定位

在双向机制中，学校教师和企业专家各自承担什么角色？他们应当均等地承担开发任务，还是应当以一方为主体？"依据我国学校职业教育形态的基本事实，应当以学校教师为课程开发的主体"③。企业专家不可能承担"职业角色体验"课程开发的主要任务，"他们缺乏课程开发的理论素养；同时，企业专家的职业角色定位使其基本不可能承担课程开发中大量烦琐和细致的文本编写工作"④。因此，"职业角色体验"课程的开发，主要应该依赖于高等职业院校教师的主导行为。职业院校教师的一线教育教学经历，使其能够很好地把握学生的心理特点和学习能力，开发出符合职业教育教学实际的"职业角色体验"课程。

（1）职业院校教师的角色

职业院校教师是"职业角色体验"课程开发的主要承担者。这里所说的教师，是职业教育内部的教师。职业课程开发应当主要由职业院校教师承担。这项工作不太可能由本科院校教师承担，因为本科院校教师的职业习惯，使其很难把握职业教育规律。职业院校教师结合具体的专业特色，遵循人才培养的教育规律，设计具体的"职业角色体验"教育过程，其中包括人才培养方案、课程标准、项目教学方案、教

---

① ［美］欧文·拉兹洛：《巨变》，200页，北京，中信出版社，2002。

② 徐国庆：《职业教育项目课程开发指南》，156页，上海，华东师范大学出版社，2009。

③ 徐国庆：《职业教育项目课程开发指南》，157页，上海，华东师范大学出版社，2009。

④ 徐国庆：《职业教育项目课程的内涵、原理与开发》，载《职业技术教育》，2008(19)。

材等文本的编制。"职业角色体验"课程开发中的具体设计过程创新性强、弹性大，只有充分发挥教师的主体作用，才可能真正获得成功。

（2）企业专家的角色

企业专家的角色定位主要是咨询者和评价者。咨询者就是为教师在课程开发中遇到的问题提供答案，评价者就是评价教师最终开发的课程产品是否符合企业的实际情况。企业专家的参与作用体现在两个环节：一是具体的工作任务与职业素养要求分析，其职能是提供工作过程所要完成的任务，以及完成这些任务所需要的职业能力及其品质；二是教材编写，主要是就一些具体的细节问题，如工作流程是否规范、所选项目是否典型、项目内容能否更多地体验企业文化等提供意见。企业专家在这两个环节发挥的作用，均需要在教师预先设计的引导性问题下来完成。而课程开发的其他环节，则主要依靠职业教师自己来完成①。

（二）立项管理开发"职业角色体验"课程

课程开发是集体行为，如何协调不同主体之间的课程开发工作，进而产生显性的课程开发成果，是课程开发管理的重要问题。

1. 课程开发过程的组织

图 6-1 是"职业角色体验"课程开发中应用比较广泛的一种工作模式②。该工作模式从"谁来开发""如何开发""开发什么"三个方面对"职业角色体验"课程开发的工作模式进行了描述。它强调行政驱动、专家引领在课程开发中的重要作用，但同时强调职业教师是"职业角色体验"课程开发的主体。只有当每个步骤均产生了完整的、显性的课程开发成果，才能有效地推进课程开发的实践。

2. 课程开发指导的途径

（1）手册指导法

手册指导法就是课程专家对"职业角色体验"课程开发每一环节的操作步骤与要求、不同情况的处理、成果描述的文本格式等进行了详细的规定，并提供可供参考的实例。

（2）案例示范法

案例示范法是指课程专家在"职业角色体验"课程开发中，给教师提供具有启发性和迁移性的典型案例。通过这些案例，教师能更加深入地理解"职业角色体验"课程的理念和实践形态，并形成自己开发课程的项目框架。

（3）成果评定法

成果评定法是一种通过评价推动课程开发的指导方法，即按照"职业角色体验"课程的标准，对教师所开发的最终产品进行评定，并在此基础上，给予进一步改进意见的课程开发指导方法。

---

① 徐国庆：《职业教育项目课程开发指南》，157～158 页，上海，华东师范大学出版社，2009。
② 徐国庆：《职业教育项目课程开发指南》，160 页，上海，华东师范大学出版社，2009。

3. 关键内容质量的控制

"职业角色体验"课程开发将产生多份课程产品，每份课程产品又包括一系列内容。课程开发过程中需要对关键环节把握控制，包括课程定位中的专业特色分析、岗位分析、工作任务分析、职业素养分析；专业教学标准中的人才培养规格、课程设置、课程内容与要求、实训实验装备标准；课程标准中的设计思路、课程目标、课程内容与要求；项目教学方案中的项目选择、教学目标、工作任务、活动设计；课程资源中的内容呈现资源、内容呈现支持资源、过程引导资源、学生操作资源等。

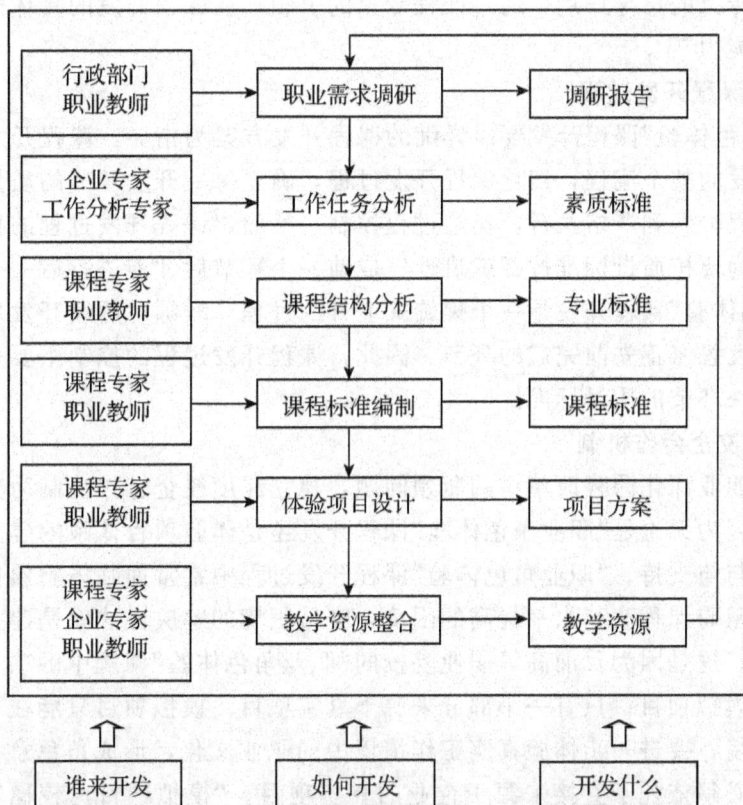

图 6-1 "职业角色体验"课程开发工作模式

(三)提升"职业角色体验"课程产品质量

1. 确立课程开发的研究意识

确立课程开发的研究意识必须创新课程开发的工作模式，将课程开发的理论研究与课程开发的产品相结合，深入分析具体专业的特色，创造性地完成"职业角色体验"课程开发工作的具体细节。通过对职业院校目前职业精神培育的现状分析，职业精神教育的理论研究局限于行政层面，偏重于宏观层面，结合专业培养学生职业精神的具体理念有待进一步发展，只有这样，"职业角色体验"课程理论才能真正落实到实习实训的项目实践中。

2. 细化课程开发成果

"职业角色体验"课程开发成果的细化有利于增强对每一个环节的开发意识，这对于课程开发从宏观要求最终细化成可执行的教学方案非常重要。然而，目前职业院校整个课程开发的现状是未能很好地把握关键的开发环节，而且由于职业精神教育本身的弱化和不规范化，更是导致课程开发成果不够精细，进而影响了课程目标功能的实际发挥。这虽然有教师精力投入不够、草草完成任务的原因，但更为重要的是对职业精神教育的理论并没有深入的研究，对如何精细"职业角色体验"课程更是不知晓。"要改变这种状况，除了依据精细管理思想要求改变工作态度外，还必须发挥课程专家的指导作用，通过课程专家的引领，在课程开发的具体过程中提升教师的分析能力"①。

3. 控制课程开发过程

"职业角色体验"课程开发要以详细的课程开发方案为指导，课程开发方案必须按照课程开发的整个流程，细化课程开发过程，确立每一开发环节的质量标准。在课程开发过程中做到严格执行，实施过程控制。然而，课程开发过程的控制，不能机械地理解为要按质量标准按部就班地完成前一个环节后才能进行后一个环节，因为"职业角色体验"课程开发是一个螺旋式上升的过程，教师对后续开发环节的完成能够更好地反思修正先前完成的环节。因此，课程开发过程的控制主要是指要有意识地清楚每一环节的质量标准。

4. 建立校企合作机制

为解决职业深化课程改革中的瓶颈问题，建立深度校企合作机制为其提供了重要的途径，因为无论是"职业角色体验"课程开发还是体验项目体系的建立都需要企业的深度参与与支持。"职业角色体验"课程开发过程中常常面临体验项目的教育价值不高以致阻碍课程改革水平提高的困境，突破困境的解决方法就是建立深度的校企合作机制。这是因为目前高等职业院校的"职业角色体验"课程中的项目载体，大部分来源于模拟项目，只有一小部分来源于真实项目。模拟项目只能在一定程度上创设职业情境，要进一步体验真实工作情境中的职业文化，形成角色意识，产生职业认同，还必须依托于直接来源于企业的真实项目。"模拟项目比较稳定，而真实项目更加开放，二者相互补充，才能构成完整的项目体系，形成学生职业素质发展的完整阶梯"②。尤其是结合专业发展的具有职业特色的真实项目，对学生职业精神的形成具有非常重要的价值，应当进行开发。

---

① 徐国庆：《当前职业课程改革中的困境与对策》，载《江苏高教》，2008(4)。
② 徐国庆：《当前高职课程改革中的困境与对策》，载《江苏高教》，2008(4)。

三、"职业角色体验"专题活动设计：一个参考性框架

表 6-4　"超级店长"角色体验计划表①

日程	内容	地点	完成日期	学员签名	讲师签名
day 1	一、入学第一课	企业培训室			
	1. 欢迎加入"餐谋长"超级店长成长之旅				
	2. 餐饮业的那些事：行业状况、发展趋势、连锁餐饮的基本常识				
	3. 为什么"餐谋长"的店长是超级店长（"餐谋长"超级店长的发展之路）				
	4."餐谋长"超级店长的定义				
	5."餐谋长"超级店长的角色与工作职责				
	6. 我们对"餐谋长"超级店长有哪些要求				
	7. 你准备好启程了吗				
	8. 问与答				
day 2	二、餐厅拜访之《第一印象》	餐厅			
	1. 使用"餐厅拜访评估表"的指引，分别观察一个餐厅的员工、顾客、产品、经营管理等经营状况的表现				
	2. 根据现场观察到的状况进行记录，并与相关人员进行访谈				
	3. 参照"餐谋长"超级店长的角色与工作职责，尝试了解店长的工作内容及工作流程的步骤				
	4. 填写书面餐厅拜访报告				
day 2	三、企业培训室讨论	企业培训室			
	1. 超级店长的工作内容				
	2. 如何才能成为一个超级店长				
	3. 踏上成长之旅（超级店长的训练方法、训练流程图讲解）				
	4. 我了解相应的学习方法，并为自己的发展成果负责				

---

① 该活动案例出自北京奥琦玮信息科技有限公司的国际现代服务业培训计划，笔者参与了讨论。

日程	内容	地点	完成日期	学员签名	讲师签名
day 3	四、通用基础培训	企业培训室			
	1. 了解餐厅的基本管理原则				
	2. 掌握基本的沟通技巧				
day 4	3. 掌握基本的餐厅管理技巧	企业培训室			
	4. 工作计划及有效的时间管理				
day 5	五、企业定向培训	企业培训室			
	（一）企业文化及制度				
	1. 企业简介				
	2. 餐厅简介				
	3. 员工手册				
	4. 人事制度				
	5. 餐厅经营环境了解				
	6. 餐厅的组织架构				
day 6-7	（二）服务区工作区域	餐厅			
	1. 餐牌学习：产品标准、定价、促销方案、餐厅活动				
	2. 标准服务流程及步骤				
	3. 服务礼仪规范				
	4. 服务员工作标准				
	5.《清洁与消毒》				
	6. 日清、周清、月清工作标准				
	7. 开店标准工作流程（服务员）				
	8. 打烊标准工作流程（服务员）				
day 8-9	9. 收银员工作标准	餐厅			
	10.《现金管理》				
	11. 开店标准工作流程（收银员）				
	12. 日清、周清、月清工作标准				
	13. 打烊标准工作流程（收银员）				
day 10	14. 咨客工作标准	餐厅			
	15.《叫号系统及带位》				
	16. 传菜员工作标准				

续表

日程	内容	地点	完成日期	学员签名	讲师签名
day 11	17.《优质的服务》课程	企业培训室			
	18.《如何处理顾客抱怨》				
	19.《促销与建议性销售》				
	20.《服务英语》(自修)	自修			
day 12	餐厅拜访之《我是顾客》观察评估	餐厅			
day 13	(三)生产区工作区域	餐厅			
	1. 粗加工工作标准				
	2. 切配工作标准				
	3. 后勤、保洁工作标准				
day 14	4. 产品生产制作标准	餐厅			
	5.《常用食材知识》				
	6. 产品品尝及检测				
day 15	7.《餐前备货管理》	企业培训室			
	8.《应产率管理》				
	9.《食品安全》				
day 16	10. 收货、存货管理标准	餐厅			
	11. 盘点工作标准				
day 17	12. 日清、周清、月清工作标准	餐厅			
	13.《设备维护保养》				
day 18	14.《6T 管理》	企业培训室			
	15.6T 检测	餐厅			
day 19	《优秀的值班管理课程》	企业培训室			
day 20-25	六、专业管理培训	餐厅			
	1. 值班管理				
	服务区开店、值班规划、值班管理、值班工具的运用、值班交接、打烊				
	生产区开店、值班规划、值班管理、值班工具的运用、值班交接、打烊				
	综合值班管理、达成值班管理目标				
day 26-27	2. 值班评估、值班检定	餐厅			

日程	内容	地点	完成日期	学员签名	讲师签名
day 28-29	3. 营业额预估、餐厅营业数据管理	餐厅			
	4. 订货管理				
	5. 毛利率控制				
day 30-31	6. 排班管理	餐厅			
	7. 员工招募、训练、保留				
	8. 人力成本控制				
	9. 人事管理：员工资料、入职、晋升、进级、调动、离职				
day 32	10. 能耗管理	餐厅			
	11. 餐厅维护及固定资产管理				
day 33-35	12. 团队沟通及绩效考核	企业培训室			
	13. 认同鼓励				
	14. 有效会议				
	15. 安全、正面的环境				
	16. 高效的组织				
	17. 危机管理				
day 36	18. 餐厅稽核	企业培训室			
day 37	19. 基础行销及单店行销	企业培训室			
	20. BSC 综衡绩效管理				
day 38	21. 年度经营预算	企业培训室			
day 39	22. 新店筹备	企业培训室			
day 40-41	23. 户外拓展训练营	户外			
day 42-43	24.《领导餐厅管理课程》	企业培训室			
	——EARS 领导模式的运用				
	——问题根源分析流程图				
	——PDCA 的循环				
	——情景领导、团队发展的 4 个阶段				
	——SMART 原则				
	——SWOT 分析				
	——鱼骨图				

续表

日程	内容	地点	完成日期	学员签名	讲师签名
day 44	七、餐厅拜访之《卓越之旅》	餐厅			
	对照餐厅拜访之《第一印象》，发现自己进步的地方，并填写拜访总结				
day 45	八、结业考核	企业培训室			
	完成一份《BSC 报告》并进行呈报				
	制作一份《超级店长的工作流程》				
	完成一份《餐厅年度经营预算》(AOP)				
	九、结业				
	恭喜你成为"餐谋长"超级店长，记得常回家看看				

小　结

　　第六章结合职业精神培育理论和现状调查的分析结果，通过将培育理念、培育内容和培育途径有机统整的活动，作为职业精神培育实践应对的重要抓手，展开对职业精神教育理想在实践中教育尝试的探索，设计了"职业叙事"和"职业角色体验"的主题人文活动与专题实习实训活动互补融通的职业精神培育范例。本章主要分为两部分内容。

　　首先，探索了职业精神培育的主题人文活动范式：职业叙事。本部分内容先界定了"职业叙事"的内涵，即"叙述"职业实践中的"故事"和职业叙事指向职业意义两个方面。接着明确了"职业叙事"的基本规范，分明介绍了"叙述"和"故事"的要求。其中，"叙述"必须满足"结构化""创造性"和"深描"三个条件；"故事"要"蕴含丰富的教育学意义"和"表征典型职业价值取向"。在明晰了"职业叙事"的内涵和基本规范的基础上，设计了"职业叙事"活动教学的基本步骤：确定教育主题、编制故事内容、呈现故事过程和撰写学习体悟。为了对"职业叙事"的活动教学过程有一个具体化的理解，本研究提供了"职业叙事"活动案例设计的参考性框架。

　　其次，探索职业精神培育专题实习实训的活动范式：角色体验。"角色体验"活动范式的论述与上述"职业叙事"的研究思路一致。先界定"角色体验"的内涵，即职业角色体验表征个体职业角色规范认知与体验、体现个体职业角色的身份认同过程。接着明确了"职业角色体验"活动教学的组织，包括确立校企合作双向开发机制、立项管理开发"职业角色体验"课程和提升"职业角色体验"课程产品质量三个方面。最后提供了"职业角色体验"活动案例设计的参考性框架。

结　语

生成个体生命精神——
现代职业教育的使命

　　至此，前文导论至第六章的求索与跋涉，基本完成了"职业精神培育"这一研究任务。在"结语"部分，既要对前述所陈做一提升性的简要总结，从而呼应导论中的研究允诺，更要依循研究的核心旨趣开拓未来的研究方向，"真正的结语，只能是问题的绵延，也必定是问题的绵延"①。对于以"能力本位"为导向的中国职业教育实践而言，"职业精神"命题提出的意义，在于从职业教育价值观的高度，赋予了职业教育培育"完满人"的义不容辞的教育责任，因为教育的终极关怀都是"为了人自身——自由的行动者"②。同时，面对中国经济发展的历史转折性，作为与经济发展联系最为紧密的一种教育类型，其具有的独立品格和精神追求，不仅仅是服务经济结构转型和产业升级，更重要的是要做出引领社会发展的价值判断，推动社会经济通过自身的改革实现可持续的发展。而且，任何一种教育类型，无论是普通教育还是职业教育，只有外部动力与内部动力实现了统一，才能在社会和人性之间找到平衡点，才能实现"完满人"的教育。在此意义上，职业教育如何"回归"教育的本质属性，即职业教育如何描绘个体生命精神主动发展的蓝图，既是先前行文紧紧围绕之脚本，更是指引我国职业教育未来的发展方向。

一、追寻职业教育与工业文明历史逻辑的精神立场

　　以英国纺织机械化为标志的第一次工业革命，拉开了整个世界由农业文明向工业文明转变的"现代化"帷幕，人类社会逐步步入技术化时代，其典型的特征就是科学技术成为衡量一切的尺度，技术的进步就是文明的进步，技术的自由和满足构成了工业文明社会的发展目标。正是现代科学技术的兴起和工业文明的诞生，终结了学徒制度与工匠传统的职业教育形态，导致了技艺传承形式的根本性改变——与来

---

① 马维娜：《局外生存——相遇在学校场域》，253 页，北京，北京师范大学出版社，2003。
② ［德］伊曼努尔·康德：《论教育学》，上海，上海人民出版社，2005。

源于古老经验主义的技术相比，一个完整的经验学习被"开发出一种将工作程序划分成几个单一步骤的新的技艺""任何一个不熟练的人也能学会和完成这样的步骤"①，这造成了生产线上的工人被简化为纯粹的工具，他们既不是共同体的成员，也不仅仅像奴隶一样是体力的来源：在尽可能的范围内，他们只是机器的组成部分，现代意义上的职业教育因此也成为学校"接管"训练"机器的人"的企业培训。毫无疑问，"训练性的职业教育"迎合了早期工业化社会的批量人才需求。同时，随着科学技术不断取得社会统治地位，职业教育的"技术性"特征使得技术问题在深层次上不断成为人的再生产问题，即人必须接受"训练"，以便借此才能顺利进入工业文明的"技术系统"。因此，"技术统治"下的工业文明表面上使技艺阶级获得了教育的公平权，实质上他们接受的职业教育只不过是"机器压制"的另一种表现形式而已。在这个意义上，技术推动工业文明的进程，正是"技""艺"合一的传统职业教育失去权利的过程，现代职业教育其实是工业文明建造的世界新秩序的"牺牲品"。

应当承认，基于"教育为经济快速发展提供高效支持"这一思想而大力发展职业教育，这是每一个工业化国家的必由之路。然而，随着工业化社会程度的加深，内在于技术文明结构之中的职业教育，是不断地拼力赶超永不停歇的技术进步？还是在技术权利节节胜利的威力面前，冷静思索职业教育与工业文明的历史逻辑，诉诸职业教育内在精神的重建？这不仅是职业教育的价值选择，更是人类生存命运的现实观照。的确，正是由于科学技术的根本性变革，职业教育的发展由可能变成现实，教育层面因此也扩展到了所有人们，这无疑是人类文明的进步。然而，诞生于工业化背景中的职业教育，从诞生之初就指向了机器上的操作工，代表着低层次的劳力阶级的教育，背负着沉重的"工业经济附庸和政治权利奴婢"的思想负担。尤其是"教育双轨制现象"的形成，更是从国家教育制度的层面，固化了"职业教育"与"自由教育"的身份不对等。虽然时至今日，全民教育和终身教育思想已经形成，然而一种缺乏精神内涵的"训练"印记却始终存在于职业教育的成长过程中，职业教育的"教育性"特征仍然不够鲜明。此外，职业教育一直以来默不作声地坚持将自己的地位"高移"，试图出现像学术类及工程类高等教育那样以培养精英的模式来操作的现象，虽然一方面是因为技术人才需求"高移"的客观事实，但另一方面也折射出职业教育潜意识当中摆脱"训练性"标签、提升"教育性"品位的期许和努力。

实质上，职业教育在现代技术语境中所表现出的困顿和不安，同它与传统技术在精神上的深刻断裂密切相关。因为现代职业教育在物质形态上的诞生，只是表象上的"技艺自由"时代的来临，其孕育的土壤是资本主义生产力的需求，而不是人类"自由精神"的进化。所以当我们全然地运用理性主义的话语体系，探究职业教育与工业文明的历史逻辑，常常会陷入自相矛盾的困境：历史前进了，精神在本质上仍然没有变化。在这个意义上，职业教育究竟是职业"技术"的教育，还是职业"精神"

---

① ［美］唐·伊德：《技术与生活世界——从伊甸园到尘世》，4 页，北京，北京大学出版社，2012。

的教育？当技术的衰变期变得越来越短的时候，精神的力量是不是也在快速衰竭？事实上，追寻职业教育与工业文明历史逻辑的精神立场，关键是回归人是历史逻辑的出发点和归宿，从作为目的的人的内在素质出发，建立职业教育与技术情境的互动，抵抗工业文明时代的肤浅与失度，重建职业教育的尊严与深度。

二、重构项目课程审美化：职业教育"教育性"回归的实践路径

随着 1983 年德国"双元制"的引入，世界劳工组织的 MES 课程、加拿大的 CBE 课程、澳大利亚的培训包、英国的 BTEC 课程以及德国的学习领域课程，陆续成为我国职业教育课程改革的借鉴理念，在此基础上，我国提出了模块课程（理论模块、实践模块），宽基础活模块课程，工作过程导向课程，项目课程等课程理念。目前，项目课程已成为我国职业教育解构学科体系、重构工作过程导向课程体系的重要载体，其教学过程体现了职业教育的教学规律性，是职业教育课程正视自身发展的"一次变革"，即从学科课程到项目课程的变革。然而，项目课程的教育内容在具体实施操作的教与学的活动过程中，却往往表现出一种对于学习对象的外在性：教师呈现出的教学内容更多的是以就业为目的的操作技能的传授，面对这一过程，学生掌握的只不过是外在的生存手段。因此，目前的职业教育过程较少能成功地促进学生由职业技能走向职业精神。

克服这一"外在性"的道路是项目课程的审美化重构，推动职业教育课程的"二次变革"，即从项目课程到项目课程审美化。正如职业教育课程的"一次变革"过程一样，项目课程审美化并不是对项目课程的完全替代，而只是"内在地借鉴审美精神"对同样的学习内容进行智慧处理。这一智慧处理的理论依据就是重新审视职业世界中人与职业对象之间的关系，将基于主客二元对立的认识关系以及在此基础上的实践关系，复归到更高意义上的艺术审美关系，因为"人懂得按照任何一个种的尺度来进行生产，并且懂得处处都把内在的尺度运用于对象；因此，人也按照美的规律来构造"①。正是人这种"赋予活动""美的尺度"的能力，不仅使项目课程的审美化重构成为可能，更使审美化的项目课程成为职业教育超越"训练性"、回归"教育性"的实践力量。

值得注意的是，"内在地借鉴审美精神"对项目课程进行审美化重构不能简单地等同于审美课程或者职业教育美学课程。审美课程的直接目标是通过审美、创美的教育过程去提高教育对象的审美情趣，内容是纯粹的审美活动；而项目课程审美化只是要求教学活动的美化取向，其终极目标不在于美，而在于具体职业教育目标的达成。从这个意义上来说，美不是项目课程审美化的目标，而是手段。同时，项目课程审美化也并不只是从美学的角度，以美为工具、以教育效果为目标的职业教育美学课程。若仅限于此，其最终将沦为一种工具理论或者是职业教育课程的新增内容。实质上，审美化项目课程的生命力在于其不仅仅是以审美特征去追求职业教育

---

① ［德］马克思：《1844 年经济学哲学手稿》，58 页，北京，人民出版社，2000。

效果的改善，而且在于它试图以职业教育美的建立去提升职业教育及其对象的职业精神境界，使职业教育活动本身成为一种人生境界的达成过程，使教育活动的主体实现生命的超越。

关于项目课程审美化的具体内涵主要体现在两个方面，一是课程内容呈现的形式合乎美的规律，通俗地说，职业教育内容好似一部以工业文明发展为主题的视觉效果唯美的电影，教师导演，学生参演，具体内容至少应该呈示出工业文明的智慧美和文明工业人格的形象美，通过与美的形式同构同形的呈现方式，使学习对象认识工业文明发展的可能性，从而从根本上激发学生的职业情感、职业责任感等内在意识。二是创造一种"学生可以从主动活动到实现目的的过程中达成精神层面共享"的体验的教学活动形式，包括教学活动的环境美化、情境创设、教师职业观的榜样力量、艺术形式的直接利用，如将动画、电影、文学作品等引入教学过程等，学生在"活动—体验"过程中学习、反思、理解、感悟、发现、整合、建构，促使主体性认识的自我经历、自觉生成。需要说明的是，上述艺术化手段的运用如果忽略运用教育规律的理性抉择和组合的主体自由，就不能够实现教学双方"施展自由"的目标，而形式上的"美"就只能成为另外一种异己的力量，无益于学生的能力发展和精神享受。

参考文献

一、中文译著

[1]马克思恩格斯选集(第一卷)[M]. 北京：人民出版社，1995.

[2][德]马克思. 1844年经济学哲学手稿[M]. 中共中央马克思恩格斯列宁斯大林著作编译局，译. 北京：人民出版社，2000.

[3][德]康德. 实践理性批判[M]. 韩水法，译. 北京：商务印书馆，1999.

[4][德]康德. 道德形而上学原理[M]. 苗力田，译. 上海：上海人民出版社，1986.

[5][德]马克斯·韦伯. 新教伦理与资本主义精神[M]. 于晓，陈维纲，等，译. 西安：陕西师范大学出版社，2006.

[6][德]卡尔·雅斯贝尔斯. 时代的精神状况[M]. 王德峰，译. 上海：上海译文出版社，2013.

[7][德]雅斯贝尔斯. 什么是教育[M]. 邹进，译. 北京：生活·读书·新知三联书店，1991.

[8][美]米切尔·贝里. 职业伦理学[M]. 郑文川，译. 北京：学苑出版社：1989.

[9][德]霍尔斯特·施泰因曼，阿尔伯特·勒尔. 企业伦理学基础[M]. 李兆雄，译. 上海：上海社会科学出版社，2001.

[10][法]爱弥尔·涂尔干. 职业伦理与公民道德[M]. 渠东，等译. 上海：上海人民出版社，2006.

[11][法]爱弥尔·涂尔干. 道德教育[M]. 陈光，译. 上海：上海人民出版社，2001.

[12][美]约翰·杜威. 民主主义与教育[M]. 王承绪，译. 北京：人民教育出版社，1990.

[13][美]杜威. 经验与自然[M]. 傅统先，译. 北京：商务印书馆，1960.

[14] [法]马奎斯·孔多塞. 人类精神进步史表纲要[M]. 何兆武,等,译. 北京:生活·读书·新知三联书店,1998.

[15] [美]杰里米·里夫金. 第三次工业革命[M]. 张体伟,等,译. 北京:中信出版社,2012.

[16] [美]赫伯特·马尔库塞. 单向度的人——发达工业社会意识形态研究[M]. 刘继,译. 上海:上海译文出版社,2014.

[17] [美]唐·伊德. 技术与生活世界——从伊甸园到尘世[M]. 韩连庆,译. 北京:北京大学出版社,2012.

[18] [美]戴维·埃伦费尔德. 人道主义的僭妄[M]. 李云龙,译. 北京:国际文化出版公司,1988.

[19] [英]尼格尔·多德. 社会理论与现代性[M]. 陶传进,译. 北京:社会科学文献出版社,2002.

[20] [德]黑格尔. 精神哲学[M]. 韦卓民,译. 武汉:华中师范大学出版社,2006.

[21] [德]黑格尔. 历史哲学[M]. 王造时,译. 上海:上海书店出版社,2001.

[22] [德]汉斯-格奥尔格·伽达默尔. 诠释学Ⅰ真理与方法——哲学诠释学的基本特征[M]. 洪汉鼎,译. 北京:商务印书馆,2010.

[23] [俄]尼古拉·别尔嘉耶夫. 精神与实在[M]. 张源,等,译. 北京:中国城市出版社,2002.

[24] [德]恩斯特·卡西尔. 人论[M]. 甘阳,译. 上海:上海译文出版社,1985.

[25] [德]埃德蒙德·胡塞尔. 生活世界现象学[M]. 倪梁康,译. 上海:上海译文出版社,2005.

[26] [美]马斯洛. 自我实现的人[M]. 许金声,等,译. 北京:生活·读书·新知三联书店,1987.

[27] [美]本杰明·富兰克林. 穷理查年鉴——财富之路.[M]. 刘玉红,译. 上海:上海远东出版社,2002.

[28] [美]阿尔伯特·哈伯德. 自动自发地工作——一个主动而且出色完成任务的绝妙方法[M]. 肖文键,宫宇,译. 北京:线装书局,2003.

[29] [美]阿尔伯特·哈伯德. 致加西亚的信——哈伯德工作理念全书[M]. 刘阐,等,译. 呼和浩特:远方出版社,2004.

[30] [荷兰]E·舒尔曼. 科技文明与人类未来——在哲学深层的挑战[M]. 李小兵,等,译. 北京:东方出版社,1995.

[31] [日]石原享一. 世界往何处去[M]. 梁憬君,译. 北京:世界知识出版社,2013.

[32] [德]格奥尔格·西美尔. 现代人与宗教[M]. 曹卫东,等译. 香港:汉语基督教文化研究所,1997.

[33] [法]米歇尔·福柯. 知识考古学[M]. 谢强,译. 北京:生活·读书·新知三

联书店，2003.

[34][美]詹姆斯·H·罗宾斯．敬业：美国员工职业精神培训手册[M]．曼丽，译．
北京：世界图书出版公司，2004.

[35][美]詹姆斯·W.凯瑞．作为文化的传播[M]．丁未，译．北京：华夏出版
社，2005.

[36][英]R.R·马雷特．心理学与民俗学[M]．张颖凡，等，译．济南：山东人民
出版社，1988.

[37][英]马林棍斯基．巫术科学宗教与神话[M]．李安宅，译．北京：商务印书
馆，1936.

[38][法]罗伯特·N.威尔金．法律职业的精神[M]．王俊峰，译．北京：北京大学
出版社，2013.

[39][美]汤普逊．中世纪经济社会史（下册）[M]．耿淡如，译．北京：商务印书
馆，1997.

[40][美]丹尼尔·戴扬，伊莱休·卡茨．媒介事件[M]．麻争旗，译．北京：北京
广播学院出版社，2000.

[41][美]詹姆斯·麦克莱伦．教育哲学[M]．宋少云，译．北京：生活·读书·新
知三联书店，1988.

[42][法]茨维坦·托多洛夫，罗贝尔·勒格罗，[比]贝尔纳·福克鲁尔．个体在艺
术中诞生[M]．鲁京明，译．北京：中国人民大学出版社，2007.

[43][美]维克多·弗兰克尔．x 活出生命的意义[M]．鲁京明，译．北京：华夏出版
社，2010.

[44][德]马克斯·舍勒．人在宇宙中的地位[M]．罗悌伦，等，译．北京：生活·
读书·新知三联书店，1997.

[45][英]查尔斯.辛格，E.J.霍姆亚德，A.R.霍尔．技术史[M]．王前，孙希忠，
主译．上海：上海科技教育出版社，2004.

[46]J.莱夫，E.温格．情景学习：合法的边缘性参与[M]．王文静，译．上海：华
东师范大学出版社，2004.

[47][加]马克斯·范梅南．生活体验研究——人文科学视野中的教育学[M]．宋广
文，译．北京：教育科学出版社，2003.

[48][美]刘易斯·芒福德．技术与文明[M]．陈允明，等，译．北京：中国建筑工
业出版社，2009.

[49][美]杰拉德·普林斯．叙事学——叙事的形式与功能[M]．徐强，译．北京：
中国人民大学出版社，2013.

[50][美]瑾·克兰迪宁．叙事探究——原理、技术与实例[M]．鞠玉翠，译．北京：
北京师范大学出版社，2012.

[51][德]弗里德里希·尼采．历史的用途与滥用[M]．陈涛，等，译．上海：上海

人民出版社，2000.

[52]［英］伯特兰·罗素．教育与美好生活［M］．杨汉麟，译．石家庄：河北人民出版社，1999.

[53]［俄］С·谢·弗兰克．社会的精神基础［M］．王永，译．北京：生活·读书·新知三联书店，2003.

[54]［美］霍尔姆斯·罗尔斯顿．哲学走向荒野［M］．刘耳，等，译．长春：吉林人民出版社，2000.

[55]［德］尤尔根·哈贝马斯．交往与社会进化［M］．张博树，译．重庆：重庆出版社，1989.

[56]［英］彼得·沃森．人类思想史［M］．蒋倩，译．北京：中央编译出版社，2011.

[57]联合国教科文组织国际教育发展委员会．学会生存——教育世界的今天和明天［M］．华东师范大学比较教育研究所，译．北京：教育科学出版社，1996.

[58]联合国教科文组织．教育——财富蕴含其中［M］．北京：教育科学出版社，1996.

[59]［英］海伦·瑞恩博德，艾莉森·富勒，安妮·蒙罗．情景中的工作场所学习［M］．匡瑛，译．北京：外语教学与研究出版社，2011.

[60]［美］蕾切尔·卡森．寂静的春天［M］．吕瑞兰，李长生，译．上海：上海译文出版社，2011.

[61]［英］A. N. Oppenheim．问卷设计、访谈及态度测量［M］．吕以荣，译．台北：六合出版社，2002.

[62]［美］乔伊斯·P. 高尔，M. D. 高尔，沃尔特·R. 博格．教育研究方法实用指南［M］．屈书杰，等，译．北京：北京大学出版社，2007.

[63]［美］埃文·塞德曼．质性研究中的访谈：教育与社会科学研究者指南（第3版）［M］．周海涛，译．重庆：重庆大学出版社，2009.

[64]［美］查尔斯·泰勒．现代性之隐忧［M］．程炼，译．北京：中央编译出版社，2001.

二、中文著作

[1]钱穆．中国历史精神［M］．北京：九州出版社 2012.

[2]唐君毅．生命存在与心灵境界［M］．台北：台湾学生书局，1977.

[3]洪汉鼎．理解的真理［M］．济南：山东人民出版社，2001.

[4]王坤庆．精神与教育［M］．上海：上海教育出版社，2002.

[5]谢地坤．走向精神科学之路——狄尔泰哲学思想研究［M］．南京：江苏人民出版社，2008.

[6]冯友兰．现代中国哲学史［M］．广州：广东人民出版社，1999.

[7]冯友兰．贞元六书［M］．上海：华东师范大学出版社，1996.

[8]冯友兰．新原人［M］．上海：华东师范大学出版社，1996.

[9]欧力同．哈贝马斯的批判理论[M]．重庆：重庆出版社，1997．

[10]余灵灵．哈贝马斯传[M]．石家庄：河北人民出版社，1998．

[11]邓晓芒．中西文化视域中真善美的哲思[M]．哈尔滨：黑龙江人民出版社，2004．

[12]邓晓芒．西方美学史纲[M]．武汉：武汉大学出版社，2008．

[13]罗国杰．伦理学[M]．北京：人民出版社，1989．

[14]方东美．中国哲学精神及其发展（上）[M]．北京：中华书局，2012．

[15]黄炎培．职业教育的基本理论纲要[M]．上海：上海教育出版社，1985．

[16]唐凯麟，曹刚．重释传统——儒家思想的现代价值评估[M]．上海：华东师范大学出版社，2000．

[17]徐复观．中国人性论史[M]．上海：上海三联书店，2001．

[18]孙智燊．大哲风貌剪影：东美先生其人及其志业[M]．台北：联经出版事业公司，1981．

[19]柴文华．冯友兰思想研究[M]．北京：人民出版社，2010．

[20]季羡林．东西文化议论集[M]．北京：经济日报出版社，1997．

[21]季羡林．三十年河东，三十年河西[M]．北京：当代中国出版社，2006．

[22]熊十力．新唯识论[M]．台北：光文出版社，1962．

[23]梁漱溟．东西方文化及其哲学[M]．台北：文学出版社，1979．

[24]梁漱溟．中国文化要义[M]．上海：上海人民出版社，2011．

[25]陈荣捷．中国哲学文献选编[M]．南京：江苏教育出版社，2006．

[26]梁启超．饮冰室文集点校（第一卷）[M]．昆明：云南教育出版社，2001．

[27]高奇．中国教育史研究（现代分卷）[M]．上海：华东师范大学出版社，2009．

[28]路宝利．中国古代职业教育史[M]．北京：经济科学出版社，2011．

[29]吴玉琦．中国职业教育史[M]．北京：华夏出版社，2006．

[30]王川．西方近代职业教育史稿[M]．广州：广东教育出版社，2011．

[31]高奇．中外教育史研究[M]．上海：华东师范大学出版社，2009．

[32]吴元梁．精神系统和精神文明建设[M]．北京：人民出版社，2004．

[33]鲁枢元．生态文艺学[M]．西安：陕西人民教育出版社，2000．

[34]张志平．情感的本质与意义——舍勒的情感现象学概论[M]．上海：上海人民出版，2006．

[35]鲁杰，王逢贤．德育新论[M]．南京：江苏教育出版社，2010．

[36]鲁杰．道德教育的当代论域[M]．北京：人民出版社，2005．

[37]檀传宝．德育美学观[M]．北京：教育科学出版社，2006．

[38]檀传宝．让德育成为美丽的风景——欣赏型德育模式的理念与操作[M]．合肥：安徽教育出版社，2006．

[39]徐平利．职业教育的历史逻辑和哲学基础[M]．桂林：广西师范大学出版

社，2010.

[40]金盛华．社会心理学[M]．北京：高等教育出版社，2005.

[41]童庆炳．现代心理学[M]．北京：中国社会科学出版社，1993.

[42]陈琦，刘儒德．教育心理学[M]．北京：高等教育出版社，2011.

[43]王水成，赵波．职业道德论要[M]．北京：中国社会科学出版社，2003.

[44]郭强．职业道德与职业生涯[M]．上海：上海人民出版社，2011.

[45]蔡志良．职业伦理新论[M]．北京：中国文史出版社，2005.

[46]李桂花，赵居川．大学生职业道德教程[M]．北京：化学工业出版社，2010.

[47]唐丽．美国工程伦理研究[M]．沈阳：东北大学出版社，2007.

[48]金名俊，杨延林．海关职业精神教育概论[M]．上海：复旦大学出版社，1992.

[49]缪其浩．图书馆员：职业精神与核心能力[M]．上海：上海科学技术文献出版
    社，2006.

[50]马庆发．当代职业教育新论[M]．上海：上海教育出版社，2002.

[51]曾鹰．技术文化意义的合理性研究[M]．北京：光明日报出版社，2011.

[52]孙美堂．文化价值论[M]．昆明：云南人民出版社，2005.

[53]李兴耕．当代国外经济学家论市场经济[M]．北京：中共中央党校出版
    社，1994.

[54]吴式颖．马卡连柯教育文集[M]．北京：人民教育出版社，2004.

[55]吴卫东，王文东，高学文等．当代中国生存问题的哲学研究[M]．北京：人民
    出版社，2010.

[56]喻立森．教育科学研究通论[M]．福州：福建教育出版社，2001.

[57]张忠华．教育学原理[M]．上海：上海世界图书出版公司，2012.

[58]刑云文．时代精神历史解读与当代阐释[M]．北京：中央编译出版社，2011.

[59]李国山．欧美哲学通史[M]．天津：南开大学出版社，2012.

[60]叶澜．教育概论[M]．北京：人民教育出版社，2006.

[61]叶澜．教育研究方法论初探[M]．上海：上海教育出版社，1999.

[62]张正明．晋商兴衰史[M]．太原：山西人民出版社，1995.

[63]马维娜．局外生存——相遇在学校场域[M]．北京：北京师范大学出版
    社，2003.

[64]胡锦涛．坚定不移沿着中国特色社会主义道路前进，为全面建成小康社会而奋
    斗——在中国共产党第十八次全国代表大会上的报告[M]．北京：人民出版
    社，2012.

[65]王世滨．世界超强的职业精神[M]．北京：中国纺织出版社，2012.

[66]张克．职业人文读本[M]．桂林：广西师范大学出版社，2011.

[67]杨波．中国企业员工敬业度提升研究——基于组织氛围视角[M]．北京：首都
    经贸大学出版社，2012.

[68]冯建军．生命与教育[M]．北京：教育科学出版社，2004．

[69]冯建军．当代主体教育论[M]．南京：江苏教育出版社，2004．

[70]陈向明．质的研究方法与社会科学研究[M]．北京：教育科学出版社，2000．

[71]吴明隆．问卷统计分析实物——SPSS操作与应用[M]．重庆：重庆大学出版社，2009．

[72]贾馥茗，杨深坑．教育学方法论[M]．南京：江苏教育出版社，2008．

[73]袁振国．教育研究方法[M]．北京：高等教育出版社，2000．

[74]刘云章．马克思主义精神生产研究[M]．北京：学苑出版社，2011．

[75]姜大源．当代世界职业教育发展趋势研究[M]．北京：电子工业出版社，2012．

[76]辜鸿铭．中国人的精神[M]．南京：译林出版社，2012．

[77]刘大椿，刘劲扬．科学技术哲学经典研读[M]．北京：中国人民大学出版社，2011．

[78]黄达人．职业的前程[M]．北京：商务印书馆，2012．

[79]陈衍，李玉静．2008职业教育国际竞争力报告[M]．长春：东北师范大学出版社，2008．

[80]吴雪萍．基础与应用——高等职业教育政策研究[M]．杭州：浙江教育出版社，2007．

三、中文期刊、论文

[1]张雄．财富幻象：金融危机的精神现象学解读[J]．中国社会科学，2010(5)．

[2]杜维明．新儒家人文主义的生态转向：对中国和世界的启发[J]．中国哲学史，2002(2)．

[3]刘文英．中国传统精神哲学论纲[J]．中国哲学史，2002(1)．

[4]邱吉．培育职业精神的哲学思考——从职业规范的视角看职业伦理[J]．中国人民大学学报，2012(2)．

[5]肖凤翔，所静．职业及其对教育的规定性[J]．天津大学学报(社会科学版)，2011(5)．

[6]肖凤翔．隐形经验的习得与高等职业教育课程改革[J]．教育研究，2002(5)．

[7]肖凤翔，薛栋．中国现代职业教育质量保障体系的研究框架[J]．江苏高教，2013(6)．

[8]肖凤翔，薛栋．我国现代职业教育体系研究的现状及思考[J]．中国职业技术教育，2012(24)．

[9]肖凤翔，薛栋．建构基于工作世界的高等职业教育项目课程——以机械制图课程为例[J]．职教论坛，2013(9)．

[10]邓晓芒．康德自由概念的三个层次[J]．复旦学报(社会科学版)，2004(2)．

[11]邓晓芒．康德和黑格尔的自由观比较[J]．社会科学战线，2005(3)．

[12]邓晓芒．什么是自由[J]．哲学研究，2012(7)．

[13]邓晓芒．中国教育改革的哲学思索[J]．高等教育研究，2000(4)．

[14]崔宜明．韦伯问题与职业伦理[J]．河北学刊，2005(4)．

[15]方军．制度伦理与制度创新[J]．中国社会科学，1997(3)．

[16]王育民．职业与职业道德[J]．社会学研究，1994(1)．

[17]蒋楼．马克思的职业理想及其对当代中国青年的启示[J]．桂海论坛，2012(5)．

[18]肖群忠．敬业精神新论[J]．燕山大学学报(哲学社会科学版)，2009(2)．

[19]尹曦．论涂尔干的职业伦理与法团的现实困境[J]．江苏社会科学，2007(1)．

[20]葛为群．高等职业教育的人文本质与德育的职业精神建构[J]．高等农业研究，
　　2006(4)．

[21]蒋晓雷．现代职业精神的培育[J]．中国职业技术教育，2009(24)．

[22]朱利萍．教育性的回归：高等职业教育的当代命题——基于诗教美育的实践选
　　择及其策略[J]．中国高教研究，2010(3)．

[23]盖晓芬．职业院校学生职业素质培养要义与路径选择[J]．中国高教研究，2009(8)．

[24]吴光林．职业院校职业素质教育的理论研究与实践探索[J]．中国高教研究，
　　2009(11)．

[25]冯凡彦．论舍勒价值情感现象学中的情感理性[J]．兰州学刊，2009(3)．

[26]孟建伟．技术的人文纬度[J]．哲学动态，2002(5)．

[27]梁柱．论蔡元培的职业教育思想[J]．教育研究，2006(7)．

[28]肖宁灿．马克思恩格斯职业社会学思想探微[J]．社会科学研究，1991(3)．

[29]文静，薛栋．技术哲学"经验转向"与中国职业教育发展[J]．教育研究，2012(8)．

[30]王金娟．基于工学结合的职业学生职业精神培养[J]．高等职业教育，2010(5)．

[31]段文灵．马克思"实践人学"思维方式的生成及其当代意义[J]．哲学研究，2008(1)．

[32]蒙培元．浅论中国心性论的特点[J]．孔子研究，1987(12)．

[33]蒙培元．张载天人合一说的生态意义人文杂志[J]．中国社会科学，2002(5)．

[34]刘济良．生命体验：道德教育的意蕴所在[J]．教育研究，2006(1)．

[35]杨秀香．诚信：从传统社会转向市场社会[J]．道德与文明，2002(4)．

[36]刘惊铎．体验：道德教育的本体[J]．教育研究，2003(2)．

[37]冯建军．以主体间性重构教育过程[J]．南京师范大学学报(社会科学版)，2005(4)．

[38]郭浩．主体间性：师生关系的新视角[J]．广西教育学院学报，2007(1)．

[39]吴金华．现代教育交往的缺失、阻隔与重建[J]．教育研究，2002(9)．

[40]高潇怡，刘俊跨．论混合方法在高等教育研究中的具体应用——以顺序性设计
　　为例[J]．比较教育研究，2009(3)．

[41]周勇．教育叙事研究的理论追求——华东师范大学丁钢教授访谈[J]．教育发展
　　研究，2004(9)．

[42]王枬，王彦．教师叙事在实践中体悟生命[J]．教育研究，2005(2)．

[43]梁玉华，庞丽娟．论教师角色意识：内涵、结构与价值的思考[J]．教育科学，2005(4)．

[44]戚万学．活动道德教育模式的理论构想[J]．教育研究，1999(6)．

[45]徐国庆．当前职业课程改革中的困境与对策[J]．江苏高教，2008(4)．

[46]严昌洪．近代商业学校教育初探[J]．华中师范大学学报（人文社会科学版），2000(6)．

[47]张传燧．教师专业化：传统智慧与现代实践[J]．教师教育研究，2005(1)．

[48]杨跃．论教师的责任伦理[J]．当代教育论坛，2006(9)．

[49]董金权．媒介价值生产的多元构建与类聚化——对《感动中国》百位年度人物的内容分析[J]．中国青年研究，2013(11)．

[50]薛栋．精神重建与中国职业教育发展[J]．中国高等教育，2014(8)．

[51]薛栋．构建现代职业教育体系理论向度及其思考[J]．职教论坛，2013(22)．

[52]薛栋．论中国古代工匠精神的价值意蕴[J]．职教论坛，2013(34)．

[53]薛栋．三元驱动模式：职业教育提升区域产业竞争力的体系结构[J]．教育与职业，2013(36)．

[54]薛栋．高等职业教育的价值取向及实践路径[J]．河北师范大学学报，2014(6)．

[55]邱开金．职业学生心理健康问题研究[J]．心理科学，2007(2)．

[56]杨小微．教育学研究的"实践情结"[J]．教育研究，2011(2)．

[57]吴晓明．当代中国精神建设及其思想资源[J]．中国社会科学，2012(5)．

[58]邹诗鹏．现时代精神生活的物化处境及其批判[J]．中国社会科学，2007(5)．

[59]傅敏，田慧生．教育叙事研究：本质、特征与方法[J]．教育研究，2008(5)．

[60]刘献君．科学与人文相融——论结合专业教学进行人文教育[J]．高等教育研究，2002(5)．

[61]潘懋元．黄炎培职教思想对当前职业发展的启示[J]．教育研究，2007(1)．

[62]颜峰，洪兴文．论职业道德意识的培养[J]．清华大学学报（哲学社会科学版），2009(1)．

[63]李海林．论大学校园文化建设专业性特征——兼论校园文化建设的价值意义[J]．江苏高教，2005(2)．

[64]周伟铭．职业人文教育回归本源探讨[J]．当代青年研究，2010(3)．

[65]王懂礼．高等职业院校学生"精神成人"：理论意义与实践反思[J]．中国教育学刊，2012(6)．

[66]杨金土．以人为本的职业教育价值观[J]．教育发展研究，2006(1)．

[67]张少兰．生态人文主义：职业人文教育新论[J]．教育理论与实践，2009(1)．

[68]韩振．以职业道德为核心加强人文素质教育[J]．中国高等教育，2009(18)．

[69]徐翠娟．将职业素质教育贯穿职业教学全过程[J]．中国高等教育，2009(18)．

[70]邓志伟．世纪世界职业教育方向——兼对职业本位的职业教育体系质疑[J]．外国教育资料，1998(1)．

[71]解延年．素质本位职业教育：我国职业教育走向世纪的战略抉择[J]．教育与职业，1998(5)．

[72]王敏勤．由能力本位向素质本位转变——职业教育的变革[J]．教育研究，2002(5)．

[73]崔清源．社会本位：职业院校人才培养目标主导价值取向[J]．高等教育研究，2009(2)．

[74]张祺午，李玉静．"十二五"，体系年-教育部召开现代职业教育体系建设国家专项规划编制座谈会[J]．职业技术教育，2011(30)．

[75]高宝立．职业人文教育论——高等职业院校人文教育的特殊性分析[J]．高等教育研究，2007(5)．

[76]高宝立．高等职业院校的人文教育：理想与现实[J]．教育研究，2007(11)．

[77]高宝立．高等职业院校人文教育问题研究[D]．厦门：厦门大学，2007．

[78]周启杰．历史：一种反思性的文化存在——雅斯贝尔斯视野下的生存历史性研究[D]．哈尔滨：黑龙江大学，2004．

[79]何光辉．职业伦理教育有效模式研究[D]．上海：华东师范大学，2007．

[80]张莘萍．敬业精神的价值及其培育——对当代中国敬业精神的理性思考[D]．北京：中共中央党校，2001．

[81]黄鹂．论美国新闻教育的职业化[D]．武汉：华中科技大学，2005．

[82]宫福清．医学生医学人文精神培育研究[D]．大连：大连理工大学，2012．

[83]张海辉．现代化视域下的当代中国职业道德研究[D]．上海：华东师范大学，2010．

[84]何光辉．职业伦理教育有效模式研究[D]．上海：华东师范大学，2007．

四、词典、报纸及网络资源

[1]近代汉语大词典[K]．北京：中华书局，2008．

[2]现代汉语辞海[K]．北京：中国书籍出版社，2003．

[3]外国哲学大辞典[K]．上海：上海辞书出版社，2008．

[4]方法大辞典[K]．济南：山东人民出版社，1991．

[5]实用教育大辞典[K]．北京：北京师范大学出版社，1995．

[6]辞海[K]．上海：上海辞书出版社，1979．

[7]现代汉语词典[K]．北京：商务印书馆，1983．

[8]牛津哲学词典[K]．上海：上海外语教育出版社，2000．

[9]上海市教育科学研究院麦可思研究院．2012中国高等职业教育人才培养质量年度报告[N]．中国教育报，2012-10-18．

[10]王敏．探索中国对外新思维[N]．金融时报，2013-03-28．

[11][英]贾尔斯·钱斯．中国与西方：谁学谁？[N]．金融时报，2013-03-25．

[12]中国互联网络信息中心．2014 年第 33 次中国互联网络发展状况统计报告[DB/OL]．http：//wenku．baidu．com/link？url ＝ CkKF6VvDYDPd8bXEI5Tvm-Gs4FXbjGhPd195AcTaj5kkCJIVhx2Rhu2iKdHASl7SYNaSI ＿ BBVPvZ507Nh4b2Yz98SZWhdKvBpUDr BdsU5nG．

[13]联合国教科文组织．修订的关于职业和技术教育的建议[EB/OL]．http：//www．tech．net．cn/web/articleview．aspx？ id ＝ 2010032600031&cata ＿ id ＝ N041，2010-03-26．

[14]欧盟"教育和培训 2010 计划"[EB/OL]．http：//www．eachina．org．cn/eac/gjjc/ff8080813420bea9013615312c2a016d．htm，2013-07-26．

[15]国际组织职业教育与培训政策[EB/OL]．http：//www．tvet．org．cn/law/h000/h00/1288603015d442．html，2010-03-26．

[16]2013 年具有普通高等学历教育招生资格的高等学校名单[DB/OL]．http：//www．moe．gov．cn/publicfiles/business/htmlfiles/moe/moe ＿ 122/201305/151636．html，2013-05-08．

[17]2013 中国高等职业教育人才培养质量年度报告发布[DB/OL]．http：//yc．jxcn．cn/system/2013/07/18/012522440 ＿ 01．shtml，2013-07-18．

五、外文文献

[1]Manfred S Frings. The mind of max scheler [M]. Milwaukee：Marquette University Press，1997.

[2] B K Myers. Colleges students and spirituality [M]. New York：Routledge Press，2007.

[3]Ellul Jacques. The technological society[M]. New York：Random House，1964.

[4]Michael McGhee（ed.）. Philosophy religion and spiritual life[M]. Cambridge：Cambridge University Press，2002.

[5] Schostak J. Interviewing and representation in qualitative research[M]. New York：Open University Press，2006.

[6]Creswell J W，Plano Clark V，Gutmann M，Hanson W. Handbook of mixed methods in the social and behavioral sciences[M]. Cambridge：Cambridge University Press，2006.

[7]Bogdan R，Biklen S K. Qualitative research for education：Introduction to theory and methods(2nd ed.)[M]. Boston：Allyn and Bacon Press，2006.

[8]Taylor S J，Bogdan R. Introduction to qualitative research methods.（2nd ed.）[M]. New York：Wiley Press，2002.

[9] Creswell J. W. Educational research：Planning，conducting，and evaluating quantitative and qualitative research [M]. New Jersey Merrill；Prentice Hall，2002.

［10］Skilbeck M'etc. The vocational quest: New directions in education and training ［M］. London: Routledg Press, 2004.

［11］Peter Raggatt, Richard Edwards, Nick Small（Eds）. The learning society: Challenges and trends［M］. London: The Open University Press, 2006.

［12］UNESCO. Learning to live together in peace and harmony［M］. London: The Open University Press, 1998.

［13］Finlay, Stuart Niven, Step Young. Changing vocational education and training: An international comparative perspective［M］. London: Cambridge University Press, 2008.

［14］Judith Calder, Ann McCollum. Open and flexible learning in vocation education and training［M］. London: Cambridge University Press, 2010.

［15］OECD. Pathways and participation in vocational and technical education and training［M］. Paris: Locke Press, 2008.

［16］B Hersh, J Miller, G Feildin. Models of moral education: An appraisal［M］. New York: Longman lnc Press, 2000.

［17］John Ahier, Geoff Esland(eds). Education, training and the future of work［M］. London: Routledge Press, 2009.

［18］Mike Flude, Sandt Sieminski(eds). Education, training and the future of work 11: Developments in vocational education and training［M］. London: The Open University, 2009.

［19］Daniel, Carter A. MBA: The first century［M］. Lewisburg: Bucknell University Press, 2008.

［20］Charles S Levy. Social work ethics on the line［M］. Norwood: The Haworth Press, 2002.

［21］Ste Phen Bailey. Ethics and public service［M］. London: Public Administration Review, 2004.

［22］Frankena W. Philosophic view of moral education［M］. London: The Mac Millan Company & The Free Press, 2007.

［23］Walter W. Manley. The hand book of good business practice［M］. London: Permissionl Thoms on Publish Ltd, 2012.

［24］Raplh Blunder. Vocational education and training and conceptions of the self［J］. Journal of Vocational education and Training, 2009(2).

［25］Sutich A J. Some considerations regarding transpersonal psychology［J］. Journal of Transpersonal Psychology, 2009(1).

［26］R. Burke Johnson, Anthony J. Onwuegbuzie, Lisa Turner. Toward a definition of mixed methods research［J］. Journal of Mixed Methods Research, 2007(1).

[27] Tony Gilbert. Mixed methods and mixed methodologies：The practical，the technical and the political[J]. Journal of Research in nursing，2006(2).

[28] Mc Gowen K R，Hart L E. Still different after all these years：Gender differences in professional identity formation[J]. Professional Psychology：Research and Practice，2010(21).

[29]Brown D A. Growing character in the vocational and technical college[J]. The Fourth and Fifth Rs. Spring，2003(9).

附　录

附录一　访谈提纲

1. 您认为在学生未来职业生涯中，最重要的素质是什么？

2. 能用 3～4 个词描述一下您对职业精神的理解吗？

3. 您认为现代职业人，最应该具备哪些职业精神？

4. 目前学校最重视培养学生的哪些能力或者素质？

5. 结合您的教学或者管理工作，谈谈您对学生职业精神培育的想法。

6. 结合您的工作，谈谈开展职业精神教育的最大困难和障碍是什么。

7. 在您的工作中，涉及关于对学生职业精神方面的教育吗？

8. 您认为职业精神教育最主要的是培养学生哪些品质？（职业理想？职业态度？职业责任？）

9. 对于您所承担的课程，学校有具体的关于职业精神教育方面的目标要求吗？谈谈您的课程中关于职业精神教育的目标。

10. 结合您的工作，谈谈学校关于对学生职业精神的培育取得了哪些成效？（举 1～2 个例子）

11. 您提到的学生所应该具备的职业精神品质，通过哪些教育途径才能更好地实现？（主题活动、专题实习、校园文化、先进人物讲座等方面展开）

12. 在您的课中，采用的教材是什么？主要对学生进行哪些方面的职业生涯规划的指导？主要有哪些教学形式？（针对职业指导课教师）

13. 在实习实训课程中，有详细的教学计划吗？教学计划中有没有关于实习纪律的具体要求？有没有关于企业精神的介绍、交流与学习？（针对实习实训教师）

14. 对于师德建设，学校开展过哪些活动？（评比活动？）

15. 您觉得教师对待教学工作和学生的态度会影响到学生将来对待职业工作的态度吗？谈谈您的看法。

16. 您平时和学生交往密切吗？交往中会给学生讲怎样才能在职业中顺利发展吗？（针对专任教师）

附录二　调查问卷

亲爱的同学：

你好！我们正在从事一项关于"职业精神教育"的调查，你的回答及个人信息会被严格保密。本调查只做研究之用，对你的学习评价没有任何影响。回答这份问卷大概需要 10 分钟，请你耐心独立填写，非常感谢你的支持与参与！答题时请你在同意的答案上打"√"，谢谢！

天津大学教育学院

一、个人基本情况

1. 性别：①男（　　　）　②女（　　　）

2. 年级：①大一（　　　）　②大二（　　　）　③大三（　　　）

3. 所在学校的名称：_____

4. 大学期间是否担任过学生干部：①是（　　　）　②否（　　　）

5. 是否参加过学校组织的实习实训：①是（　　　）　②否（　　　）

二、基本问题（请回答以下所有问题，完全符合你实际情况的请选择"完全符合"，依此类推，完全不符合你实际情况的请选择"完全不符合"。限选一项）

第一部分（第 1～12 题）

问题	完全不符合	不符合	不确定	符合	完全符合
1. 我很喜欢现在所学的专业					
2. 我立志从事某个职业					
3. 我愿意参加义工或者志愿者活动					
4. 我愿意为实现自己的梦想全力以赴					
5. 我经常会为做一件事废寝忘食					
6. 我为自己是本学校的一员而自豪					
7. 我的学习效率很高，不会因为不必要的事情浪费时间					
8. 面对困难的任务，我愿意长时间坚持					
9. 我周围有同学考试作弊					
10. 同学经常与我分享学习或者生活的经验					
11. 我每天都在认真学习					
12. 我在学习中总能产生一些新想法并愿意付诸实践					

第二部分（13～26 题，注意：没有实习经历的 15～18 题不用作答）

问 题	完全不符合	不符合	不确定	符合	完全符合
13. 学校开设了职业生涯指导课					
14. 我觉得学校的职业生涯指导课很受欢迎					
15. 在实习实训中，学校制定了严格的迟到早退制度					
16. 我清楚了解实习岗位的工作规范					
17. 我在实习实训中听过关于企业文化的介绍					
18. 我在实习实训中经常和技术工人交流					
19. 学校老师经常在教学中对我们进行"责任·诚信·敬业"教育					
20. 我的老师工作很认真					
21. 老师对待教学的态度影响了我的学习态度					
22. 学校对考试作弊有严厉的处罚措施					
23. 我参加过学校表彰优秀老师或者学生的大会					
24. 我经常在学校看到名人名言					
25. 我听过学校举办的励志讲座					
26. 我参加过学校举办的技能大赛、演讲、志愿者服务等活动					

再次感谢你的参与与支持！

后　记

一

　　研究恰似一场精神苦旅，走走停停。每当思维困顿、语言枯竭之时，我总盼望着"后记"的早点到来，因为她预示着苦旅结束的希望。然而此刻，当我真正提笔"后记"，才发觉内心最大的欣喜并不是冲刺终点的解脱，而是似乎终于触摸到了旅行的方向，一场更高起点的希望之旅即将拉开帷幕……

　　任何一场旅行未始之前都是充满憧憬和希望的，虽然深知精神之旅，独创维艰，但我也无数次默默期望，当怯怯放下第二步时，将不会只听到迈出第一步时空的回声。作为一名教育学专业的博士，我深感人文科学研究的初衷和目的都应是对人类自身终极的关怀。然而，目前国内学术界研究的大潮流是"优势学科"在"人文领域"自由驰骋，人文学研究越来越追求数字化、模型化，当然这也可能是很有理论和实践意义的。可反观科学界，一批杰出的前沿科学家，研究思路却越来越复杂，越来越像人文学，越来越真实地贴近人类的本初。作为一个年轻的人文学科的研究者，面对学界研究的现状，是追赶潮流还是回归内心，不仅仅是一个研究选题何去何从的纠结，更是对学术文化认同和学术研究价值自觉的考量。

　　我很幸运，追随了一位一直在坚守和践行着人文学科关怀的导师，他一直怀着一种强烈的学科使命感，传播着"人类自己对自己的研究，才是对人类终极关怀"的责任之心和仁爱之情。正是这种为学和育人的情真意切让我深受感动和鼓舞，感化我决定追随老师的脚步，听从内心的声音——选题的主旨回归"人文科学的研究就是对人自身研究"的旨趣，关注人的内心，观照人的发展。这是导师带给我最为珍贵的学术财富——作为一名学术研究者，尤其是作为教育研究者，对于"人"的关注和观照，将直接决定着研究的境界，而研究的境界则又决定了研究作品的价值，因为研究的过程实质上就是反观自我的过程——"我们在研究中探寻，结果发现我们是在探寻自己"。同时，导师深厚的学术功底和对学术的规范要求，也在逐步克服我的胆怯，赋予我学术蹒跚起步的巨大动力和信心。

　　然而，当我怀揣一种学术人的责任真正踏上这次精神之旅时，旅途并没有想象中那么豪迈，途中太多的沟沟坎坎让我几度心灰意冷，无数次的夜不能寐、无数次的茶饭不思、无数次的垂头丧气，甚至是痛哭流涕……那些日子，就像中世纪便开始流传的名言——"人类的灵魂世界就是战场"，始终萦绕不去。研究和写作过程中，伴随着前所未有的忐忑不安、焦躁难耐、辗转反侧，整个人失去了往日的热情、自信和感动，"一种遗憾的努力和有限的行为"似乎使一切时间顷刻便沦为荒废的虚度。

　　当我在不断的自我怀疑和否定的"折磨"中，磕磕绊绊走到今天，回首过往，深深感谢、感动、感恩我的导师肖凤翔教授。在写作过程中，每当我陷入一筹莫展的谷底，教师总是能够把对学术理想的坚守和学术品质的诠释化作诗意的言语，点燃我追随师者之志的力量和激情，让我渐行渐悟"学术历程之所以神圣，就在于少有高峰体验，多有平淡和枯燥，间或伴有令人窒息的学习高原而生之游离于学术理想的陌生感。学术是炼狱学者之炉，它引导学子从'地狱'走入学术殿堂，它也终将以其理性之光照亮学子通向理想之路"。教师用三年的不离不弃，让我一步一步优于过去的自己，让我一点点将对教师的"敬"延续成"爱"。这种"敬爱"不是单纯畏惧的"敬"，也不是单纯温润的生活之"爱"，而是师者用"大爱"让学生可以不断"做更好的自己"，而"人优于自己，才是真正的高贵"，这种高贵似乎让我真正明白导师那句"读书可以变美"的独特韵味，因为"腹有诗书气自华，读书万卷始通神"。此时此刻，我也更加理解教师召开第一次学术沙龙的良苦用心，他没有在新学期开始就传授我们为学的方法，而是希望我们每个人都能拥有一股为学的动力，希望学生从内心深处喜欢热爱自己的选择，并愿意为之坚守。导师最大的梦想是希望自己的学生能怀着对教育的赤子之情，只有这样，才能使学生感悟到学术的晦涩和深邃，更有意识的可爱与可疑，和精神的愉悦、自由和责任。静静翻阅着学术沙龙上自己的发言稿，一次比一次更贴近真实的自己，恍然明白"真情妙悟铸文章"的意蕴，明白导师对学生培养的用情之深，这份情意，有缘相遇，珍藏一生。

　　同时，对学术的感悟一定是一个积累和成长的过程，这个过程既需要主观的自我需要，也离不开客观可能的学术文化的成长环境，而且一个良好的学术成长环境会强化这种文化需求。正如梁漱溟在《中国文化要义》当中说到的，任何一种事物的出现，无不是主观需要和客观可能的两面结合，而且会随着两面的发展，或消逝，或强大。

　　我觉得自己非常幸运，因为肖老师不仅时刻在传递着教育的理念、人生的信仰和学术的静肃，而且也在费尽心思创设实践这种理念的载体。深深感谢导师的一份书单，真正开启了我的学术之旅，尤其是一个精神层面的选题，更是让我收获了人生中"对话经典"最丰富的三年时光。每每沉淀在经典之中，都会获得一种全身心被卷入一位位深邃的思想家的灵魂及其时代氛围之中的少有的体验，这不仅连接起我和导师内心对话的纽带，更是通过纸间的旅行，让我在自我启蒙中不断弥补导师那一代知识分子的人生亲历所沉淀的学术信仰和生活态度，进而也越发理解导师内心的坚守以及影射在学生身上的期许。深深感谢导师对文章一字一句地修改，第一篇文章从成稿到投稿历时一年半的写作历程依然历历在目，惭愧于自己当时诸多的"不情愿"，感动于导师字斟句酌的完善，正是在这种形似"折磨"的过程中，学生萌生了对导师深深的"折服"。深深感谢导师组织的学术交流、读书报告、艺术欣赏等活动，您给予我的 13 次学术报告交流、10 次新闻报道稿撰写、记不清次数的主持发言机会，不仅为我提供了成长的充分空间，最宝贵的是，在与导师和同学的心灵对话中，我萌生了太多对学术和生活的反思和再反思，获得了精神上的极大愉悦和幸福，这股力量将我内心对教育澎湃的激情源源不断地化作行动的力量，让我更加坚定教师就是我"倾一生、做一事"的职业梦想，我对生命的诠释和绽放注定和教师这份职业唇齿相依。深深感谢导师提供的 10 余项课题申报和参与研究过程的锻炼机会，当我现在面对一个课题，不再对过程感到那样的陌生，甚至可以撰写出一个模仿导师的虽然还是粗浅的文本时，才愈发体会导师的良苦用心……

这一切的一切，当因为一份求职简历而将"我的进步"跃然纸上的时候，我刹那间也穿越在导师三年来对我培养的点点滴滴，那"汗水湿透了的后背"、那"'5＋2''白＋黑'的作息时间"、那"不顾眼伤逐字逐句地修改"、那"永远正不了点的午餐和晚餐"……正是这些瞬间的教育感动，让我如此感悟学术生命的价值、责任和奉献；也正是导师的这份"用心"，让我越发坚信，在这个理想主义普遍遭遇嗤笑的年代，如果有人仍然坚持理想主义，那不是因为幼稚，而是因为思想上的成熟和自觉；正是导师的这份"用心"，让我越发坚信，带上根本，不管在哪里，都可以再次花开，"你若花开，清风自来"。

作为一个现实生活里的人，需要承担着多重的角色，而导师对学生的全情付出，作为一个走入家庭生活的女博士来说，深深理解和敬佩师母詹老师的默默支持和付出——每天清晨夜晚的车接车送、每天的爱心便当、定期的监督锻炼身体……师母朴实温和，每次见面，总是对我事无巨细地关心，从父母到孩子，从论文到工作，在我心情最沮丧的时候，师母安慰、鼓励、拥抱的力量，是我一生倍感亲切温暖的回忆。

二

天津大学教育学院是我学术生命成长的重要平台。感谢王世斌院长创设了与厦门大学教育研究院访学交流的机会，让我接触了不同名校的学术文化，领略了教育界名师大家的风采，成就了一段美好的学术回忆；感谢闫广芬副院长，一位传递着"教育美好"气质的知识女性——生活中流露着"少女情怀是诗，熟女情怀亦是诗"的温婉，学术中散发着"天下兴亡，匹夫有责，匹妇亦有责"的激情，让正走在"痛苦挣扎"路上的我无限想象着涅槃后重生的蜕变。这股精神的力量散发着一股无形的魅力，让我坚信读了书的女人更女人，读书正是为了遇见更好的自己。尤其是闫老师"变通的坚持"，成为我无数次彷徨无助时，支撑我努力向前的心理暗示和实践指南，您是我欣赏并愿意努力学习的榜样。感谢周志刚教授、庞学光教授，无论是课堂教学，还是私下闲谈，给过我的殷切希望与积极鼓励；感谢论文预答辩过程中李忠教授、祝士明教授的指点和帮助；感谢刘东海书记、郗海霞老师、朱红春老师、卢月萍老师的辛勤工作，让我时刻感受教育学院对学生的温暖。

感谢厦门大学教育研究院给予了我一次宝贵的访学机会，感动于耄耋之年的潘先生对教育事业的热忱和对学生的关爱；深深感谢我的访学导师史秋衡教授自然地将一名"临时"的学生纳入家人的行列，毫无保留地分享研究的成果与经验，并提供了学术交流和实地调研的多次机会；感动于王洪才教授一心向学的宁静和执着，感谢王老师对我的关心、鼓励和帮助；非常感谢学院办公室的各位老师，为我的访学生活提供了热情周到的便利和指点；还有教育研究院的兄弟姐妹们，你们自强拼搏的学术精神和亲如一家的生活氛围时时感染着我、激励着我，让我坚信有梦在，生活才会更精彩。

感谢我的硕导潘寄青教授，感谢您对一名离开校园六年又肩负母亲使命的学生的信任。在这个浮躁的年代，相信一个人能够静心学习，本身就是一种莫大的鼓励与安慰。感谢您为我提供了一个走向更高平台的学习机会，并一直关心、关注我的发展，无论是生活，还是学习；感谢我的硕士学习期间的老师武红军书记，书记总是亲切地称呼学生是他的"孩子"，感谢您对"孩子"发展的全情帮助和为人处事的智慧点拨；感谢李强教授，您对我继续求学的梦想所表现出的精神上的支持与行为上的帮助，是我一生都铭记在心的感动与感恩。

三

回首过往，辞职、考研、生子、求学，人生的转折和忙乱曾经让我一度怀疑自己是否还能成为一名"好学生"，深深地感动亲情、友情带给我坚持的动力，让我拥有了又一次充实而美好的学习回忆。

深深感谢我的爱人周丹先生，相识相守的 16 年时光，你陪伴我度过了备考和读书的 11 个春夏秋冬，尤其是博士学习的 3 年，你承担着家庭的重担，还忍受着我多变的情绪，让我发自内心的感慨，博士学习的意义岂是一篇博士论文所能承载得下和承载得住的？以前每走一步，我总以为自己是一个认定目标、坚持向前的人；走得越远，才发现，梦想的实现绝不简简单单是一个人的坚持之力，是太多人的宽容让一个人可以一直坚持下去。几近崩溃的论文生成过程，让我更真切地体悟到，婚姻最强韧的纽带是关于精神的共同成长，那是一种伙伴的关系。在最无助和软弱的时候，在最沮丧和落魄的时候，是你托起我的下巴，扳直我的脊梁，命令我坚强，并陪伴我左右，谢谢爱人肝胆相照的义气、不离不弃的陪伴，以及铭心刻骨的奉献。

谢谢我的父母，他们的默默承受，支撑了我直至今日的学业。尤其是我的公公婆婆，全力承担了孩子六年的成长，其间的付出，不是用言语可以表达和诠释的。

想到这些，我总是黯然神伤、热泪盈眶。我深知，他们的爱，今生无以回报。

谢谢我的女儿，六年的研究生学习历程，妈妈陪在你身边的时间加起来不到两年，你却那样力挺妈妈六年的每一个关键时刻。妈妈备战研究生入学考试的过程，你安静孕育与成长；妈妈顺利参加完研究生考试，第二天你诞生，来到这个世界；妈妈成功考取博士研究生，你开心走进幼儿园；妈妈即将成为一名真正的博士妈妈，你也要正式成为一名小学生，开始人生的求学之路……妈妈能够留给你的也许就是这些成长的经历，希望能够给你带来正能量。

谢谢我的妹妹，是她陪伴在父母的身边，并给予了我"姐姐"般的迁就与关爱。谢谢所有的家人，无论我走多远、飞多高，因为有你们，我的心温暖如初……

深深感谢我的同学和朋友在调研期间给予的大力支持，他们是来自天津美术学院的谭寒老师、天津职业大学的朱晓坤老师、天津铁道职业学院的查英老师、天津城市职业技术学院的李娜老师、天津广播影视职业学院的张晨琛老师、浙江城市职业技术学院的刘玲老师、南京工业职业技术学院的王博老师、广东顺德职业技术学院的刘宗劲老师、青岛滨海学院的张婷婷老师、长安大学的孙国栋老师、厦门大学教育研究院的矫怡程博士生和汪雅霜博士生、西南交通大学的蒲波博士生，我的师姐宋晶老师，师妹张宇博士生、刘晓利硕士生，师弟韩洪刚老师、薛坤硕士生……

还有一起奋斗的姐妹们——马良军、蓝洁、张弛、饶红涛、康红芹、杨彩菊、李文静、马燕、徐颖、徐秀妍……感激那些我们一起经历的悲欢，一同走过的岁月，一齐学会包容和爱的日子……

此外，在写作过程中，论文参阅和引用了国内外的大量相关文献，谨向文献的作者们表示衷心的感谢和由衷的敬意。

当我们把所学的知识都忘得一干二净的时候，剩下的就是教育的本质，所以当"后记"接近尾声的时候，我最大的心愿是透过我的"后记"传递教育的美好、理想的可敬、信仰的珍贵、真情的温暖，而且最重要的是我们应该相信每一个独立而平凡的个体，都有一种力量，一种推动社会进步的力量。作为正在或者未来从事教育的工作者，我们有责任和义务用自己的思想、言论和行动，为这个时代留下印迹，就是凭借着这样的印迹，教育才能真正一点一点回归和焕发真、善、美的光彩，才能真正引领社会通过自身的改革实现健康持续的发展，而我们身处社会中的每一个人才能心随所愿，走向属于自己的春天。苏格拉底有一句话，"我与世界相遇，我与世界相蚀，我必不辱使命，得以与众生相遇。"虽不能至，然心向往之。